普通高等学校工业设计&产品设计“十四五”规划教材

产品设计模型制作

高锐涛 郭晓燕
杨慧珠 汪 隽 ◎编著

西南大学出版社
SWUP 国家一级出版社 全国百佳图书出版单位

图书在版编目（CIP）数据

产品设计模型制作 / 高锐涛等编著. — 重庆 : 西南大学出版社, 2022.8（2024.2 重印）
ISBN 978-7-5697-0810-3

Ⅰ. ①产… Ⅱ. ①高… Ⅲ. ①产品设计－模型－高等学校－教材 Ⅳ. ① TB472

中国版本图书馆 CIP 数据核字（2022）第 105944 号

普通高等学校工业设计 & 产品设计“十四五”规划教材

产品设计模型制作

CHANPIN SHEJI MOXING ZHIZUO

高锐涛　郭晓燕　杨慧珠　汪隽 编著

选题策划：袁　理
责任编辑：袁　理　张　琳
责任校对：张　丽
装帧设计：穆旭龙
排　　版：黄金红

出版发行：西南大学出版社（原西南师范大学出版社）
地　　址：重庆市北碚区天生路 2 号
本社网址：http：//www.xdcbs.com
网上书店：https：//xnsfdxcbs.tmall.com

印　　刷：重庆新金雅迪艺术印刷有限公司
成品尺寸：210mm × 285mm
印　　张：8
字　　数：232 千字
版　　次：2022 年 8 月第 1 版
印　　次：2024 年 1 月第 2 次印刷
书　　号：ISBN 978-7-5697-0810-3
定　　价：65.00 元

本书如有印装质量问题，请与我社市场营销部联系更换。
市场营销部电话：(023)68868624　68253705

西南大学出版社美术分社欢迎赐稿。
美术分社电话：(023)68254657　68254107

前言
FOREWORD

随着时代的不断变化和发展，目前在中国的设计领域中，设计教学也出现了空前的规模。设计人才的培养已经不能仅仅满足于应试型人才的教育，而是要转化为实践型应用型人才的培养，很多高校已经开始把研究、创造、实践能力的培养作为首要目标，加强教学环节中的目标性和实践性。而这类教材也要根据实际在教学内容和教学方法上加以改进，不仅要加强知识的掌握，同时也要做到理论和实践相结合，注重创新能力和动手能力的培养，以此适应社会变化对人才培养的要求。

我们平时所说的设计，就是设计师把自己脑海中相对模糊的设计构想作为开始，不断深入表达进而转化为实际中的设计模型，到最后逐步完善成品并对外展示的过程。而工业设计，是一门把艺术和技术融合的学科，模型的设计和制作是工业设计专业学生的一门必修课程，在工业设计的教学中有着十分重要的地位。对于模型的设计和制作，是设计师表达设计构思的重要方法之一，是设计师把自己的设计构想外化的具体媒介，是产品从设计到确定形态进入生产这个过程中必不可少的一个重要环节。目前虽然以计算机为手段的 CAD、CAID、CAE 等技术已经可以迅速、完美地在计算机设计平台展现设计构想，计算机辅助制造、快速成型、数控加工已经有机地结合在一起，甚至如果有更加先进的计算机设计平台，还能从设计初期的草图阶段直接进入模型生成的阶段。但是传统的模型设计和制作在现实生活中的可触摸性、真实性、现场感受是计算机技术无法比拟的，由于传统手工模型制作有着诸如方法简便快捷、取材广泛、经济实惠等优点，因此至今仍然扮演着一个必不可少的角色。

模型的表现是以各种材料、工艺、制作手段和方法为基础，深入地表达和完善设计师的设计构想，协调设计整体形态的重要环节。在模型制作的过程中，设计师通过对多维面实体进行思考和创新，一直探讨研究在产品造型设计中遇到的各种问题，不断地分析产品在形态、功能、结构、色彩、材料、工艺等因素之间的内在联系，从而深入地改善自己的设计构想，进一步去表现和协调自己的设计创意，从各方面因素综合考虑自己的设计方案的合理性，以便更好地发挥自己的创造力，掌握正确的方向。

本书的编写是基于笔者对于专业和工作的热情，想通过努力使产品模型制作这方面的知识得以系统化，为目前的工业设计教学贡献一份小小的力量。本书是专门为工业设计（或产品设计）专业的模型制作课程编写的，力求将理论与实践相结合，不仅介绍了模型制作的基本概念和工艺知识，还通过具体实例来展示了实际的工艺技法及相关的各种问题，以便学生能够更好地领会和拓展模型制作的内涵。

本书有着很强的实用性，适用于工业设计专业教学。全书不仅文字简洁明了，条理清晰，还结合了大量的制作过程图，生动形象，可以加强读者对教材的理解和掌握，希望对读者的学习、工作能有所帮助。

高锐涛
2021 年 8 月

目录

1

2

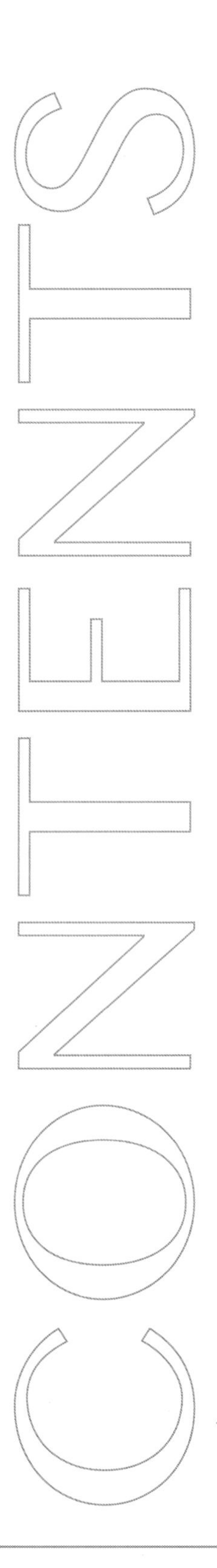

1

第1章

背景介绍

1.1 本课程在工业设计专业课程体系中的地位和作用

在工业设计专业中，模型制作是一门实践性、应用性很强的课程，其主要目标是训练学生能够掌握动手制作模型的能力。模型制作是创作者在美学、工艺学、人机工程学、哲学、科技等学科知识的基础上，将自己的设计构想与意图进行综合，运用各种学科来传递自己的设计理念，从而塑造出一个具有三维空间的形体，通过这个形体实物表现设计构想，并以一定的加工工艺及手段来实现设计的具体形象化的设计过程。模型制作是一种设计手段，它能够在工业设计创意中将艺术与科技相结合，同时它也是工业产品设计功能、技术与艺术高度融合中至关重要的一个部分，并且整个模型在制作的过程与设计过程间有着难以割离的内在关系。因此，在工业设计领域中，无论是学生，还是设计师，都一定要了解“模型制作”这个设计中的重要方法。模型制作的课程教育不仅是传授理论知识，还是培养和训练学生的模型制作技法，这两者之间的关系是相辅相成的，而且实践能力要放在更为重要的位置。

模型制作的具体作用表现在：一是说明性，设计意图与形态的表现是以三维的形式，是模型的基本功能；二是启发性，在模型制作过程中，用真实的形态、尺寸和比例来达到构思设计与启发灵感的目的，是设计师逐步改良自己设计作品的依据；三是可触性，以合理的人机学为参数，探索感官的回馈、反应，从而求取合理化形态；四是表现性，以具体的三维实体，翔实的尺寸和比例，真实的色彩和材质，从视觉和触觉上满足形体的形态表现，反映形体与环境关系的作用，让人体会到产品的真实性。

产品设计过程中最关键的问题在于处理产品与人、产品与环境、产品与文化、产品与经济效益等许多系统的关系，从而得到实惠、美观、安全、舒适、环保的新产品。其中美观、安全、舒适的要素属于感官接收的分析要素，要求经过对实体的了解方能评判，从而修改完善设计方案。所以在产品开发的各个过程中，模型的制作非常重要，一个制作精良的模型，为设计者和项目评价者都提供了完美的评价依据。

1.2 国内外开展此课程教学的情况

在国外的工业设计教育体系中，模型制作课程是十分关键的一门专业课程，它不仅需要设计方案具有外表的美观性，同时还需要具有功能的实用性，在学习这门课程时需要学生根据当前的技术条件，亲自加工制作。如德国实行的是“双元制”教育，即以理论知识为基础，以应用为目的，在学校里面建立了许多类似于企业的设计制作中心，学生可以在这些场所开展产品设计方案的模型制作，制作出来的产品模型要求具有功能实用性。因此德国的工业设计专业学生具有很强的实际动手能力，能够与企业完美的接轨。

在国内，许多高等院校工业设计人才培养方案中，大多关注的只有产品外观造型的模型制作训练，没有要求学生制作的模型具备功能的实用性，这样的教学方式具有一定的不足和缺点，学生不会去考虑产品的实用功能和内部属性，减弱了产品的现实工艺条件与制造的基础，面对当今社会对于应用型高端人才的强烈需求，这种培养模式已不能很好地满足现实需要。有部分工业设计专业发展较快的高校，在专业人才教育中，建设了自己的产品设计制作中心，一些中心甚至是根据企业的实际项目来创建的，这样培养出来的人才与企业需求就能够进一步接轨。

国内高等院校工业设计模型制作课程，大多采用“互动一实践”式的教学模式，学生了解和掌握了模型设计的基本原理和方法以后，基于自己的知识水平，动手制作所设计的模型。第一，学生要独立提出初步的设计思路和想法，形成相对简单的透视图；第二，从构思到功能、形态的定位等方面，在一定的范围内，要求同学对设计方案进行讨论，提出问题，解决问题，完善设计；第三，根据设计方案，要求学生画出三视图和零件图，从结构和材料等方面进行讨论，进一步修改图纸，确定最终的模型设计方案。在整个过程中，注重“设计一讨论一完善”的“互动一实践”，使学生能够独立思考，发现问题、提出问题、研究问题、解决问题，探索知识，以激发学生学习的主动性。

1.3 学习本课程时的注意事项

产品模型制作是一门具有很强实践性的专业课程，在本门课程的学习和实践过程中，可以让学生更进一步地了解工业产品，掌握工业产品设计方法；同时也是学校培养人才与企业操作实际项目之间相互接轨的密切环节。在这门课程的教学上，要着重强调培养学生的产品设计制作能力，同时也要培养学生对产品设计方面的思考。在这门课程的实践教学中，增加对实际产品的拆解与组装训练环节，让学生在实践训练中不断思考，不断提出问题，不断研究问题，在探索答案的过程中更加促进其对这门课程的掌握。

本课程采用启发式教学方法，更容易让学生产生学习兴趣，使学生更加了解产品设计的流程，更加熟悉产品制造的技术与工艺条件，这些对于学生以后的产品设计工作都起到一个指导作用。值得一提的是，这种教学方式可以令学生再次思考产品设计流程，从而达到反哺产品设计教育的目的。通过这种实际产品的拆解与组装的重复训练，能使学生设计产品的水平明显提高，在方案设计中可以顾及产品的加工与实现条件，而不是闭门造车，使产品方案更接近于现实生活的真实产品，满足社会对应用型人才的需求。

第 2 章

产品模型基础知识点

2.1 常用模型分类

根据设计者设计的不同阶段，以求表达自己的设计构想与设计理念，以及制作的不同用途的模型可分为研讨模型、功能模型、展示模型、样机模型四种。

○ 2.1.1 研讨模型

研讨模型是在设计刚刚开始的阶段中，设计者按照自己的设计创意，在构思草图基础上，制作可以表现设计产品形态基本体面关系的模型，又可以称为草模、粗模、构思模型或速写模型。研讨模型对细节方面不会过于严格要求，可以一边思考一边制作，通过最快的方式将自己的想法先表达出来，在设计最开始的阶段，设计者的自我研究、推敲和发展构思的方式，绝大多数是用以研讨产品的基本形态、尺度、比例和体面关系。

研讨模型大部分采用易加工的材料制作，譬如黏土、石膏、油泥、发泡塑料、纸板等。

○ 2.1.2 功能模型

功能模型主要用来表达、研究产品的结构性能、机械性能以及其他人机关系。功能模型这一类主要是强调产品功能构造的效用性和合理性，各个部分的组件之间互相配合的关系是必须按照设计要求来进行制作的，并在一定条件下开展各种试验，严谨地对技术做出要求。

功能模型大部分采用高强度材料来制作，功能部位的材料应该和实际中的成品相接近。

○ 2.1.3 展示模型

展示模型又可以称之为外观模型、仿真模型或者方案模型，是在设计方案确定过程中采用较多的立体表现形式。一般情况下是在设计方案基本确定之后，按照所确定的形态、尺寸、色彩、质感及表面处理等要求精细制作而成，其外观与产品有相似的视觉效果可以充分表现产品各元件的大小、尺寸和色彩，真实表现产品的形态和外观，但通常不反映产品内部结构。

展示模型大部分采用强度较大，加工性好的材料进行制作，譬如油泥（高质量）、ABS 塑料、玻璃钢、木材、金属、高密度的发泡塑料、优质石膏等。

○ 2.1.4 样机模型

样机模型严格按照设计要求来制作，以求充分表现产品的外观特征和内部结构。其表面处理效果、内部结构、操作功能与实际成品一致。

样机模型大部分采用塑料或者根据实际产品本身所需材料制作完成。

2.2 常用的模型材料

○ 2.2.1 石膏

生石膏，即天然石膏，是一种天然的含水硫酸钙矿物，纯净的天然石膏常呈厚板状，是无色半透明的结晶体。熟石膏又称半水石膏、烧石膏、模型石膏，由生石膏在 150℃ ~170℃下加热而得，与水调和后具有胶凝性（一般 5~20 分钟就凝结），胶凝后的形体轮廓清晰、表面光滑，干燥后不

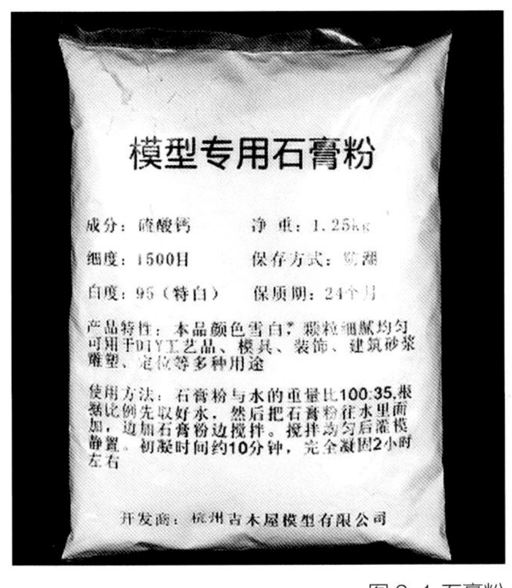

图 2-1 石膏粉

图 2-2 石膏模型

易开裂，但强度低、性脆和易吸湿（图 2-1）。

石膏在调制时的比例为：一般车制用石膏浆，水与石膏的比例为 1 ： 1.2~1 ： 1.4；削制用石膏浆，水与石膏的比例为 1 ： 1.2；模型翻制用石膏浆，水与石膏的比例为 1 ： 1.4~1 ： 1.8。每种石膏粉的混水比不一样，如果是高强度的模型专用石膏粉，水与石膏的比例可以达到 1 ： 2.8。

石膏浆的配制方法是将适量清水置于容器中，将适量的石膏粉快速均匀地撒入水中，石膏粉沉积至水面时，停止再撒入。放置一两分钟，待石膏粉充分吸湿水分后，搅拌混合 . 搅拌动作不宜太快，以避免产生气泡。用胶锤轻敲容器壁，使石膏浆中的空气浮出，以排除石膏浆中的气泡。

石膏浆随着时间推移而增加黏性，渐渐成糊状，即获得所需的石膏浆，搅拌均匀后的石膏浆应尽快进行浇注。

在搅拌过程中，不要再加入水或石膏粉。加水会使石膏浆的胶凝性或胶凝后的强度降低；加石膏粉会形成块状，改变塑性，以至石膏品质不均匀。

石膏材料制作模型（图 2-2）的优点：在不同的湿度、温度下，可以保持模型尺寸的精确；安全性高；可塑性好，可应用于不规则及复杂形态的作品；成本低，经济实惠；使用方法简单；复制性高；表面光洁；成型时间短。不足之处是：质量较重；怕碰撞挤压。

○ 2.2.2 油泥

油泥是一种化学合成黏土，在常温下会有适当的硬度，通常不会产生膨胀或者收缩之类的形变，并且不会因水分原因引起成品的开裂。和普通泥不一样，油泥经过加温（使用时将油泥加热至中心变软即可），硬度会迅速降低，得到相当好的柔软性，用专用的油泥工具任意切削制成各种曲面模型，特别适合重塑；温度回落，其硬度又很快恢复，切削性好，适合细节的刻画。这个过程还可以多次反复，丝毫不影响油泥本身的质量。做好的模型能永久不变形地被保存，特别适用于制作等比例和缩小比例的汽车、摩托车模型。汽车外形设计对表面质感的光滑要求极高，普通泥的表面无法达到那样的光滑度，而油泥质感细腻光滑，符合近乎严酷的表面要求。从制作时间上来看，油泥模型也是比较快捷的一种。因此，油泥自然地成为目前汽车造型设计的主要模型制作材料。好的油泥有着优秀的操作性，其色彩一致，质地细腻，随温度变化伸缩性小，容易填敷，能提供相当好的最终展示效果。

专业造型用的“精雕油泥”，常温下质地坚硬，可当“砖头”使用。精雕油泥在温度 50℃以上时质地慢慢变软，可按照橡皮泥的操作方法进行塑形。软化的精雕油泥不沾手，对触感没有任何影响，

图 2-3 各种颜色的油泥

图 2-4 加热软化的油泥

可用手指将造型表面抹平，常温下冷却后表面会变得光滑且把玩不会变形，需要再次塑形时可以用吹风机将其吹热，等其慢慢软化后可继续塑造。目前常用的油泥材料颜色有多种，适用于不同的造型表现需求（图 2-3）。加热软化的油泥如图 2-4。

○ 2.2.3 塑料

1.ABS 塑料

丙烯腈（A）- 丁二烯（B）- 苯乙烯（S）的三元共聚物就是热塑性塑料 ABS 塑料，它是 3 种组分的性能的综合，如丙烯腈的刚性、耐热性、耐化学腐蚀性和耐候性，丁二烯的抗冲击性、耐低温性，苯乙烯的表面高光泽性、尺寸稳定性、易着色性和易加工性。ABS 塑料能够成为一种“质坚、韧性、刚性大”的综合性能良好的热塑性塑料都是因为上述三组分的特性。调整 ABS 三组分的比例，其性能也会跟随着发生相应的变化，从而适应各种应用的要求，如耐热 ABS、高抗 ABS（图 2-5）、高光泽 ABS 等。ABS 塑料强度高、轻便、表面硬度大、非常光滑、易清洁处理、尺寸稳定、抗蠕变性好、成型加工性好，可以运用的成型方法有注射、挤出、热成型等，能够进行锯、钻、锉、磨等机械加工，能够用氯甲烷等有机溶剂粘接，还能够进行涂饰、电镀等表面处理。电镀制作可作铭牌装饰件。ABS 塑料极为广泛地应用在工业中，如制作壳体箱体、零部件、玩具（图 2-6）等常用的就是 ABS 注射制品。挤出制品多为板材、棒材、管材等，可进行热压、复合加工及制作模型。ABS 塑料还是最佳的木材代用品和建筑材料等，其应用领域依然在逐步增大（图 2-7）。

图 2-5 ABS 安全帽

图 2-6 ABS 玩具积木

图 2-7 ABS 塑料椅

2. 有机玻璃（PMMA）

聚甲基丙烯酸甲酯塑料，俗称有机玻璃。聚甲基丙烯酸甲酯塑料主要分浇注制品和挤塑制品，形态有板材、棒材和管材等。其种类繁多，品种有彩色、珠光、镜面和无色透明等。有机玻璃质量轻盈（重量约为无机玻璃的一半），不易破碎，透明度高（透光率可达 92% 以上），容易着色，具有一定的强度，有着良好的耐水性、耐候性及电绝缘性。有机玻璃耐热低，具有良好的热塑性，各种形状都可以通过热成型加工而成，还可采用切削、钻孔、研磨抛光等机械加工和采用粘接、涂装、印刷、热压印花、烫金等二次加工制成各种制品。在广告标牌（图 2-8）、绘图尺、照明灯具、光学仪器、安全防护罩、日用器具及汽车、飞机等交通工具的侧窗玻璃等领域被广泛运用。但其表面硬度低，易划伤并失去光泽。图 2-9 是一款由有机玻璃做成的台灯。它是将先雕刻成一定形状的多个薄片拼接起来形成立体的台灯，14W 荧光灯内置其中，透过有机玻璃材料引导灯光的散射，营造出梦幻般的效果，看起来与众不同。

3. 硬质聚氨酯发泡材料

聚氨酯泡沫塑料（PU 泡沫），是异氰酸酯和羟基化合物经聚合发泡制成的，具有高度隔热性和绝缘性，按其硬度可分为软质和硬质两类。闭孔型泡沫塑料的硬质聚氨酯泡沫塑料（图 2-10），具有较高的机械强度和耐热性，多用作隔热保温、隔音、防震材料、模型材料（图 2-11），反应注射成型的聚氨酯泡沫塑料常用于汽车、建筑和家居产品上，具有木材可刨、可锯、可钉的特点，称为聚氨酯合成木材，用作结构材料。

图 2-8 有机玻璃板标牌

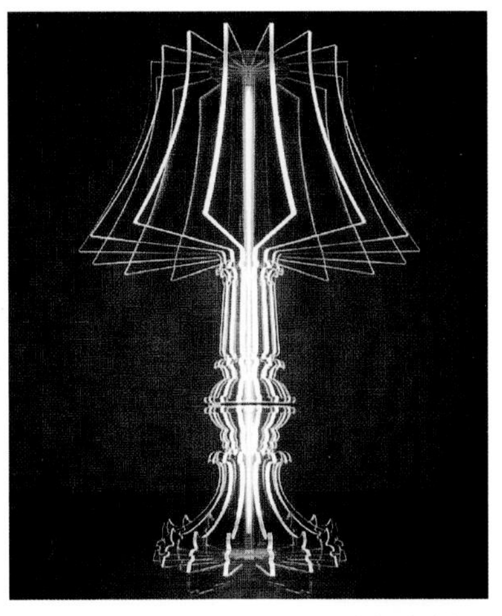
图 2-9 有机玻璃台灯

图 2-10 硬质聚氨酯泡沫塑料块材

图 2-11 硬质聚氨酯泡沫塑料模型

PU 硬泡作为工业造型设计中常用的一种材料，多用于汽车、舰艇、家电、工业机械、军工等产品的模型制作，其倾向于表现大体块的造型，是模型设计表现较理想的材料之一。PU 硬泡材料的缺点是在制作的时候只能减不能加，所以制作时必须对设计方案的形态尺寸非常清楚，这样才能用好这种材料。

○ 2.2.4 玻璃钢（FRP）

玻璃钢学名玻璃纤维增强塑料。它是以玻璃纤维及其制品（玻璃布、带、毡、纱等）作为增强材料，以合成树脂作基体材料的一种复合材料。复合材料是指一种材料不能满足使用要求，需要由两种或两种以上的材料复合在一起，组成另一种能够满足人们要求的材料。例如，单一种玻璃纤维，虽然强度很高，但纤维间是松散的，只能承受拉力，不能承受弯曲、剪切和压应力，还不易做成固定的几何形状，是松软体。如果用合成树脂把它们黏合在一起，就可以做成各种具有固定形状的坚硬制品，既能承受拉应力，又可承受弯曲、压缩和剪切应力。这就组成了玻璃纤维增强的塑料基复合材料。由于所使用的树脂品种不同，因此有聚酯玻璃钢、环氧玻璃钢、酚醛玻璃钢之称。

玻璃钢轻质高强，相对密度在 1.5~2.0 之间，只有碳钢的 1/4~1/5，可是拉伸强度却接近，甚至超过碳素钢，而比强度可以与高级合金钢相比。其次，玻璃钢的耐腐蚀性能好，是良好的耐腐材料，对大气、水和一般浓度的酸、碱、盐以及多种油类和溶剂都有较好的抵抗能力。同时，由于电性能和热性能良好，玻璃钢又是优良的绝缘绝热材料。正是由于具有这些优点，玻璃钢模型的保存才更容易，时间也能够更长久。

玻璃钢的弹性模量比木材大两倍，但又比钢（E=2.1×106）小 10 倍，因此在产品结构中常感到刚性不足，容易变形，适宜做成薄壳结构、夹层结构，也可通过高模量纤维或者做加强筋等形式来增强刚性。一般玻璃钢不能长期在高温下使用，通用聚酯 FRP 在 50℃以上强度就会明显下降，一般在 100℃以下使用；通用型环氧 FRP 在 60℃以上，强度有明显下降。但可以选择耐高温的树脂，其长期在 200℃ ~300℃的工作温度是可能的。在紫外线、风沙雨雪、化学介质、机械应力等的作用下，也容易导致玻璃钢的性能下降。其层间剪切强度是靠树脂来承担的，所以强度较低。可以通过选择工艺、使用偶联剂等方法来提高层间粘结力，最主要的是在产品设计时，尽量避免使层间受剪。

以玻璃钢为材料制成的模型，具有较高强度，表面易涂饰，通常整体成型，但制作工艺繁琐，表面不易打磨修整，因此适用于体量大、较为整体、大曲面的模型制作，如吸尘器、汽车、家具等。玻璃钢可以仿制多种材料效果，因此受到人们的喜爱。在艺术界，人们用玻璃钢来做雕塑；在电影界，玻璃钢又可以用来做道具，既方便快捷，又省成本（图 2-12）。

图 2-12 玻璃钢躺椅

○ 2.2.5 金属

由金属元素或以金属元素为主形成的，并且具有一般金属特性的材料称为金属材料，通常采用天然金属矿物原料，如铁矿石、铝土矿、黄铜矿等经冶炼而成。现代工业习惯上把金属分为黑色金属和有色金属两大类。铁、铬、锰三种属于黑色金属，我们熟悉的钢、铁即是黑色金属。在人类生产、生活中铁和钢的使用量占到了金属材料的 90% 以上。其他的金属都属于有色金属，如铜、铝、金等。在金属材料中适当加入一些微量元素可以使金属材料产生特殊的性能。

金属材料内部原子间的结合主要依靠金属键，其几乎贯穿在所有金属材料之中，使金属材料有别于其他材料，具有良好的硬度、刚度、强度、韧性、弹性等物理特性，加工制作过程中的延展性、机械加工性能良好，可以通过铸造、锻造等成型，也可以进行冲压加工成型，还可以进行各种切削加工，及利用焊接性进行连接装配，从而达到产品造型的目标。除此之外，金属的表面工艺性较好，经过物理加工或化学方法处理的金属表面能给人以强烈的加工技术美和自身的材质美，如利用切削精加工，能得到不同的肌理质感效果；如镀铬抛光的镜面效果，给人以华贵的感觉；而镀铬喷砂后的表面呈现微粒肌理，可以产生自然温和雅致的灰白色，且手感好。

金属材料的表面受到大气、日光、水分、盐雾霉菌和其他腐蚀性介质等的侵蚀作用，使金属材质模型锈蚀，从而引起金属模型失光、变色、粉化或裂开，从而遭到损坏，因而以金属材料制作的模型需要进行表面处理及装饰来对其进行保护。金属的表面装饰技术包括金属表面着色工艺和金属表面肌理工艺。金属表面着色工艺是采用化学、电解、物理、机械、热处理等方法使金属表面形成各种色泽的膜层、镀层或涂层，金属表面肌理工艺是通过锻打、刻划、打磨、腐蚀等工艺在金属表面制作出肌理效果。

选用金属材料进行模型制作，虽然能够获得理想的质量，但制作难度相对比较大，成本也比较高，需要专用加工设备经多道加工工序才能成型。市场供应状态下的半成品金属材料有各种规格、形状的板材、管材、棒材、线材、金属丝网等，这些都可直接选用作为模型制作材料。金属材料在功能试验模型、文流展示模型及手板样机模型中经常使用（图 2-13）。

图 2-13 金属车模

图 2-14 木板

○ 2.2.6 木材

制作模型用的木材种类较多，可根据制作要求进行选择。

1. 原木

原木是指伐倒的树干经过去枝、去皮后按规格锯成的具有一定长度的木材。将原木按一定规格尺寸锯割后的木材，又称为锯材。锯材按其宽度和厚度的比例关系又可分为板材、方材和薄木等。板材即横断面宽度为厚度的 3 倍及 3 倍以上。方材即横断面宽度不足厚度的 3 倍。薄木即厚度小于 1mm 的薄木片，厚度在 0.05mm~0.8mm 的称为微薄木。

2. 软质木材

软质木材比较松软（图 2-14），易于切割，粘结时不需要专门的胶水，也不需要较高的粘结技术。但是软质木材的纹理比较疏松，不适合制作模型结构件，对于具有构件性的木模型应采用比较坚实的木材来制作。软质木材虽然在制作过程的切割和粘结时会节省大量时间，但软质木材制作的模型在表面处理阶段进行修饰时，则需要花费更多时间。

3. 硬质木材

虽然对硬质木材的加工比较困难，而且需要较高的加工技术，但是硬质木材确实是制作模型的优选材料。椴木、桦木、桃木、云杉和胡桃木通常以木条和棒材的形式出售，有正方形截面或长方形截面等多种规格，同时还有其他的截面（三角形、半圆形）。由于这些截面的尺寸通常都比较小，因此可以像轻质木材那样进行切割。

硬质木材的纹理比其他软质木材更密实，使表面涂饰电化更为容易，如果采用纯木质材料来制作模型，具有一种天然的材质美。

4. 胶合板

胶合板是由木段旋切成单板或由木方刨切成薄木，再用胶粘剂胶合而成的。常用的胶合板有三层、五层、七层等，通常用奇数层单板。特点是变形小、幅面大、表面平整光洁、木纹美观、强度较高、易于粘结、易涂饰。使用性能上优越于天然木材，是现代建筑、家具广泛采用的材料。在模型制作中，胶合板常被用作辅助材料，而不作为主要的制作用料。我们选择的胶合板通常也是夹层结实、无脱胶、材质及色泽均匀，板面平整无弯曲、没有树结疤的板材。

5. 纤维板

纤维板是用精细的木屑和其他纤维材料加上胶粘剂，在高温、高压下压制成型的板材。特点是质地较坚硬、强度高、构造均匀，不易收缩、翘曲、裂开等。缺点是表面不美观，耐潮湿性差。

纤维板与其他木板材的加工工艺基本相同，用切、割、刨、削、铣、钻等方法可以产生非常平整的表面和带有曲面的形态，还可对表面做打磨和后期的装饰处理。

6. 细木工板

细木工板又称大芯板，是由两片单板中间粘压拼接木板而成的板材。细木工板按板芯结构可分为实心细木工板和空心细木工板。细木工板具有坚固耐用、板面平整、结构稳定、不易变形等特点。它是较好的结构材料，常用于家具模型的制作和作为一些其他模型的辅助材料使用。

7. 实木插接板

实木插接板是由短小木板拼接而成的板材。其优点是环保，板面平整，容易加工，花纹较美观，涂饰性能较好，缺点是性能不够稳定，力学性能较差，容易干缩湿胀。常用于家具模型制作。

8. 空心板

空心板的中板由实心的木框或带某种少量填充物的木框构成，两面再胶压上胶合板或纤维板。空心板的重量较轻（一般在 280kg/m^3~300kg/m^3）、正反面平整美观、尺寸稳定、有一定强度，而且隔热、隔声效果好，是制作家具模型的良好轻质板材。

9. 塑料贴面板

塑料贴面板是人造板经过二次加工而得的板材，贴面板起着保护和美化人造板表面的作用，并由此扩大了人造板的使用范围。这种塑料贴面板硬度大，耐磨、耐热性能优异，耐化学药品性能良好，能抵抗一般的酸、碱、油脂及酒精等溶剂的侵蚀。它表面平滑光洁、容易清洗，常用于家具模型制作。

10. 合成木材

合成木材又称钙塑材料，是主要由无机钙盐（如碳酸钙等）和有机树脂（聚烯烃类）组成的一种复合材料。钙塑材料兼有木材、纸张、塑料的特性，不怕水、吸湿性小、温差变形小、尺寸稳定、耐虫蛀，而且可以任意使用木材加工的方法（锯、刨、钉等）成型。合成木材质地轻软，保温、隔热、隔声、缓冲性能良好，因此可代替天然木材来制作各种产品模型。

11. 竹子

竹子产地主要在长江以南地区，具有良好的韧性和强度，是南方地区常用的传统造型材料，在模型制作中常用其制作竹质的家具、茶具、餐具及其他日用品等，也常用于制作一些模型加工工具，如泥塑刀刮板等。

12. 藤材

藤材是生长于热带及亚热带的蔓生植物。主要产于我国台湾、香港、广东、广西、海南岛等潮湿低洼地带。藤材的长度可达 70m，直径可达 30mm，藤皮光泽美观，结实而富有弹性，一般用来编制各种物品，在模型制作中可用其制作家具、工艺品、日用品等。

用木材加工制作模型，其优点是刚度高，不易变形、质地较轻、运输方便，表面易于涂饰，且涂饰效果好，可进行较深入的细节表现，连接方式多样，价格较低廉。缺点是加工工艺

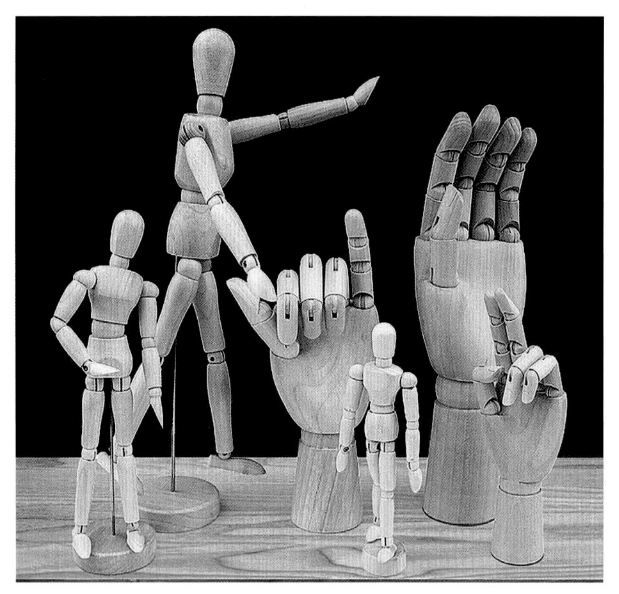

图 2-15 木质模型

要求非常高，对于初学者来说不易掌控，加工难度系数大，使用木材做大型的全比例模型，必须在装备齐全的车间和使用专业化的木工设备来辅助完成，因此对体力较小的女性而言是非常困难的。用板材表现平面形态时可以制作较大的模型，用实体木块表现曲面形态时，对于学生而言，只适宜制作体积较小的模型。木材常用于制作展示模型、结构模型、功能实验模型和样机模型等（图 2-15），适用范围比较广。

2.3 连接方式

○ 2.3.1 粘接

1. 粘接的原理与特点

粘接就是在构件表面上借助溶剂或胶黏剂产生的黏合力，将同种或者不同种材料牢固地粘接在一起，使材料之间紧密连接的一种工艺过程。粘接工艺适用于多种材质，包括金属、塑料和木材等。粘接通常用在永久性的、非拆卸的连接件中，有时也在机械紧固件结合时使用。使用粘接工艺连接时要注意，它的一些性能会受时间、温度、相对湿度和其他环境因素的影响，这是因为各种胶黏材料都是有机化合物。

粘接工艺具有以下特点：多种不同种类的材料都能够连接；能够分布均匀垂直于粘接表面的应力；与机械连接方式相比较，是一种可以减轻重量的轻型连接；在常温下也可以进行粘接过程，避免了热应力和热形变的产生；对连接处具有一定的密封作用；可以实现大面积的自动连接工艺。

粘接既能够独立地用于解决任何连接问题，又能够配合其他的连接方法，弥补结构力学的不足，以达到更好的效果。当粘接和铆接配合时，能够让接触缝密封并分担应力，降低铆孔内应力；当粘接和螺栓配合时，可固定螺帽的连接，防止震动松脱；当粘接和榫接配合时，因为木材干燥而产生榫头松动的问题也可以解决了。

2. 正确的粘接工艺

正确的粘接工艺决定了黏合的质量，这包括以下三个方面。

（1）考虑被粘接材料的性质和工作环境的设计要求，采用适当的胶黏剂和粘接工艺

①选用适当的胶黏剂

粘接前应当选用适合的胶黏剂，如果选择不当，胶黏剂会腐蚀模型工件，使之毁于一旦。

木工白乳胶是常用的连接剂，但白乳胶如果想要有效连接，需要等到水分蒸发。若遇到不透气的情况，白乳胶水分会很难蒸发完全，则无法使用。

专供泡沫塑料粘接用的泡沫胶，在舞台美术布景制作上被广泛应用，这是一种类似万能胶的胶黏剂，保持着一定的柔性，且结合力很强，不腐蚀泡沫塑料，不会彻底干透形成脆硬的胶层，双面胶带因为在某些情况下可以拆开修改，相对来说方便快捷，然而其柔软的带基在遇到锉片锉削作业时，不会被有效地清理，只会跟随着锉削方向倒下并继续留在原来位置形成一条突起的脊形，所以它需要使用锋利的刀片将其切除，这个过程非常耗费时间并且最终也会影响模型工件的表面光洁。所以，在使用双面胶带时，一定要提前准确画线以便留出加工余量。另外，双面胶带一旦沾上泡沫屑和灰尘，就会很容易丧失黏合力，所以粘贴前将粘接部位清理干净是十分必要的。

②采用适当的粘接工艺

先将加工好的零件，在粘接前以积木式堆砌组成为一个完整的个体，此时可使用大头针和竹销暂时固定位置，不急于在一开始就涂粘胶，防止再组合后发现问题，想要再进行修改就会遇到阻碍，预先试组合的目的是进一步观察、分析、比较整体与局部的体量关系，确定不再修改时，用笔在各连接处做上记号，拆开后再涂胶粘接。

粘接时均匀地涂抹一层薄薄的黏胶在两个需要粘接的表面上，为了定位和增加强度要在零件内插入两根竹销，然后用重物和夹钳压紧，也可用绳索捆绑牢固，几小时后两个表面即可连接牢固。需要注意的是在给泡沫塑料上胶时，不能将胶液涂在靠近两块材料的边缘，否则，在以后对其表面进行打磨时，在两块材料之间会形成突起的脊，这是因为胶水干涸后比泡沫塑料坚硬，更耐砂纸打磨。而出于同一个原因，也不要在需要打磨的可见表面上涂胶。

粘接的面积是影响粘接质量的一个重要因素，粘接面积越大，粘接越牢固。在制作时设计适当的粘接形式，必要时要增大粘接面积可以在模型内部增加衬板，以便达到更牢固的粘接效果。

（2）粘接面良好的表面处理技术

表面处理的具体方法包括表面清洁、去油、除锈、干燥、化学处理和保护处理。正常使用时，可以不进行化学处理，并且可以根据情况进行保护处理。根据被粘物表面的结构状态，粘合剂的类型，强度要求和使用环境，确定用于表面处理的具体方法，可以是一种、两种或几种方法相结合。

①表面清理

对于要首先清洁的表面，可以使用水、刷子、棉纱、干布、压缩空气等来初步去除污垢、灰尘、沙子、油和其他污染物。超声波清洁适用于小型复杂零件。含有旧涂料的表面可以通过机械法、喷灯火焰法、碱液清洗法或溶剂法去除。

②脱脂除油

脱脂就是去除被粘物表面的油污。通常用碱溶液或有机溶剂等化学品处理。脱脂优选

在去除粗糙之前进行，以免在抛光到粗糙的凹槽之后不容易除去油，并且严重影响黏合效果。

常用的除油方法包括溶剂除油、碱液除油、乳液除油和电化除油。

A. 溶剂除油

皂化油和非皂化油都能很好地溶于有机溶剂中，因此它们可以用溶剂脱脂。它具有速度快，简单方便，无腐蚀的特点。溶剂脱脂通常用挥发性有机溶剂，例如丙酮、甲基乙基酮、三氯乙烯、乙酸乙酯、无水乙醇、溶剂汽油、四氯化碳等，有时使用混合溶剂更佳。脱脂溶剂的量不宜过大，表面在挥发后才能迅速冷却，使空气中的水分凝结在表面，形成水膜，影响粘合剂的润湿，所用溶剂应尽可能不含水分，最好是化学品级。

B. 碱液除油

碱性脱脂也称为化学脱脂，即利用碱液和油发生皂化来达到去除油的目的。因此，它只能用于去除动物油和植物油，不适合去除矿物油。通常，可以用稀碱溶液处理，例如氢氧化钠，碳酸钠，硅酸钠，磷酸三钠和乳化剂。碱液应该有足够的浓度。但是，如果氢氧化钠的浓度太大，则钢的表面将具有棕色氧化膜，并且皂化油在碱溶液中的溶解度将降低。提高温度有利于皂化和乳化，脱脂操作温度通常为 80℃ ~100℃。

C. 乳液除油

乳液的脱脂可以在室温下进行，并且比碱液的脱脂更有效。乳化作用可以除去有机溶剂中的油，并且在水中除去水溶性污染物。乳化脱脂是一种较好的脱脂方法，没有火灾和中毒的风险。乳化脱脂剂的主要成分是有机溶剂、乳化剂、混合溶剂和表面活性剂。

D. 电化除油

在碱性电解液中，油和碱液的表面张力降低，导致油膜破裂。由于极化，金属和碱液之间的表面张力显著降低，使电极之间的接触面积迅速增加，并且附着在金属表面上的油被挤压，迫使油膜破裂成小的油珠，在电极表面上产生的氢气或氧气泡保留在小油珠上。电化除油效率高、效果好。

③除锈粗化

由氧气、湿气和其他介质引起的空气中金属材料的腐蚀或变色称为生锈，腐蚀产物通常称为“锈”。通常，高温下空气对金属的侵蚀称为氧化，氧化产物称为“氧化皮”。腐蚀和结垢阻碍了粘合剂对基材的润湿，需要将其除去以暴露基材的新鲜表面。为了增加黏合面积并增加黏合强度，通常要求表面具有适当的粗糙度。对于金属材料，粗糙化的目的通常在除锈的同时实现。除锈方法有手工法、机械法和化学法三种。

A. 手工法

手动除锈主要通过人力和简单的工具完成。通过摩擦、刮擦、研磨、刷涂等除去金属表面的腐蚀，并获得适当的粗糙度。这些方法是最简单、常见的，但这种方式效率低，并且仅适用于黏合强度不高或作为预处理的情况。

B. 机械法

机械法是使用某种机械设备和工具来去除金属表面上的锈。这些机器包括便携式钢板除锈机，电动砂轮、气动刷、电刷、除垢枪、喷砂机等。通过摩擦和喷涂金属表面进行除锈。

C. 化学法

化学除垢是使用化学方法来溶解生锈金属表面的锈，这种方式适合无喷砂设备条件的场合。

④化学处理

化学处理是在诸如酸或碱的溶液中处理被粘物，并通过化学反应活化或钝化表面。化学键合的键可以大大提高键合强度和耐久性，并且适合于键合性能相对高的情况。化学处理过程在除油、除锈、粗化后，还需多次冲洗，最后进行钝化、干燥等。

⑤等离子体处理

等离子体化学反应的主要特征是反应仅发生在固体材料的表面上，基本上不在材料内部发生反应。因此，将该性质应用于聚合物材料的表面改性具有重要的现实意义。

等离子体处理是改善材料表面润湿性和粘附性的有效方法。具体方法是在通过高压电将稀有气体激发成等离子体状态的环境下，在被粘物表面上进行化学反应。使表面产生反应性基团或交联，从而改善表面并改善黏合性能。

⑥偶联剂处理

使用偶联剂进行表面处理比化学处理更简单，更安全，但其效果与化学处理相反。可以在被粘物和粘合剂之间形成化学键，并显著提高黏合强度、耐水性、耐热性等。

必须首先将偶联剂的表面处理配制成一定浓度的水或非水溶液，施加到脱脂和失去光泽的表面上，干燥然后施胶。偶联剂溶液放置时间过长，或者沉淀出白色沉淀物则会失效，必须在几小时内使用完。

⑦保护处理

像金属、陶瓷、玻璃等高能表面被粘物，易于吸收水和气体，再次污染，并影响粘合剂的润湿性。在黏合之前可以立即涂上底漆，可以达到密封效果，保护和延长储存的时间。所谓的底漆是在涂胶之前施加到被粘物表面的一种胶，以改善黏合性能。底漆基本上是与所用粘合剂相同或相似的聚合物的稀释溶液，其本身与重涂的粘合剂良好黏合。常用的底漆是酚醛树脂、环氧树脂、聚氨酯等。

上述几种表面处理方法，除了表面清理不可缺少之外，其他一些方法则根据要求和需要确定，可以是两种也可以是两种以上的方法结合使用。不难看出，表面处理是相当麻烦与费时的工作，但它是粘接极为重要的环节，一定要给予足够的重视，不可马虎大意，要认真仔细地进行工作，表面处理对于粘接就好像盖大楼应打好地基一样重要。

（3）合理的接头设计

粘接接头的设计应当根据接头受力情况，遵照接头设计原则，选择接头结构形式，确定接头尺寸，对需要高强度的地方，设计时要采取补强措施。在做各种结构部件接头时，首先要考虑接头的强度性能，一个合理的接头形式，一般遵守以下几个原则。

① 接头受力方向与粘接强度最大的方向相一致的原则。

② 缓和应力集中的设计原则，保证粘接面积上应力分布均匀，尽量避免由于剥离和劈裂载荷造成应力集中。

③ 具有最大的粘接面积，以提高接头的承载能力。

④ 接头材料的选择遵循接头的功能要求与工艺相结合的原则。

⑤ 提高粘接强度。

⑥ 胶粘剂的基本特性是决定接头设计的重要因素。

⑦ 粘接接头形式要美观，表面平整，易于加工，目的是使粘接接头的强度和被粘物的强度为同一个数量（图 2-16）。

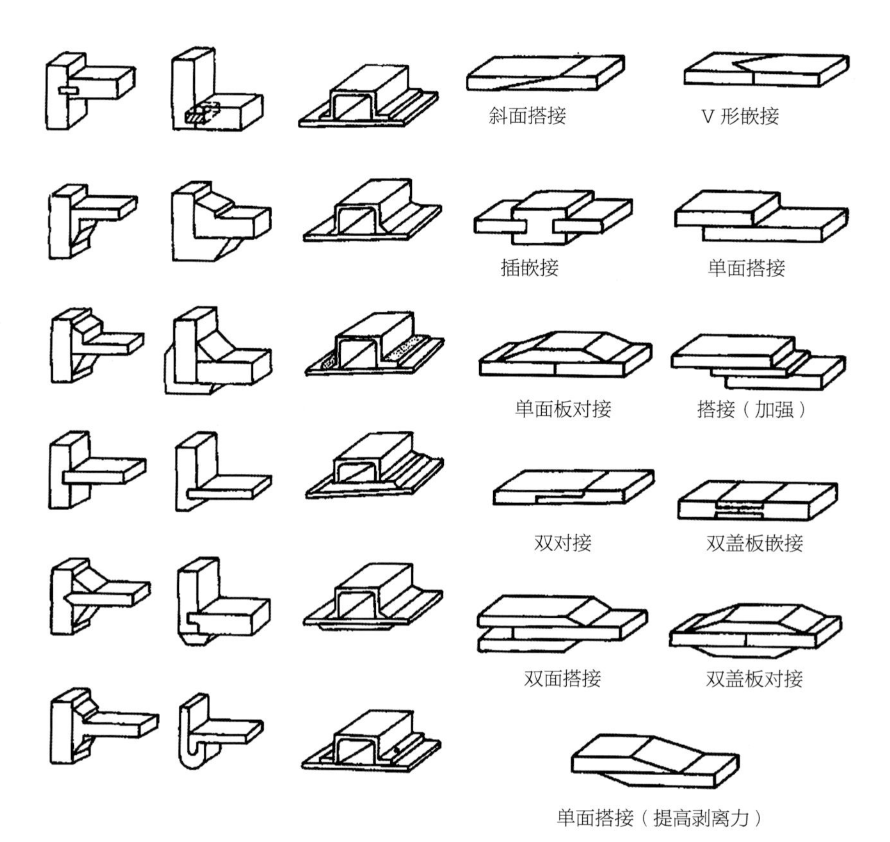

图 2-16 粘接接头形式

○ 2.3.2 钉连接

1. 钉连接的原理与分类

材料的硬度和钉的长度决定了钉连接的结合强度，同时钉连接的结合强度也与材料的纹理有着关系。材料越硬，钉直径越大，长度越长，沿横纹结合，则强度越大，反之则强度越小。在操作时要合理确定钉的有效长度，以免劈裂构件。钉连接主要有两种类型：圆钉连接和螺钉连接。

（1）圆钉连接

圆钉连接是采用圆钉作为连接键来结合，在木构件中这是最简单、最方便操作的一种形式，一般分为单剪连接与双剪连接两种。两个工件间的相互连接我们称之为单剪连接，三个工件的连接我们称之为双剪连接（图 2-17）。圆钉使用广泛，品种很多。长度规格从 10mm~200mm 有 20 余种，每种又可以分类为标准型、轻型和重型，使用者可以根据自身的需要选用不同的规格品种。

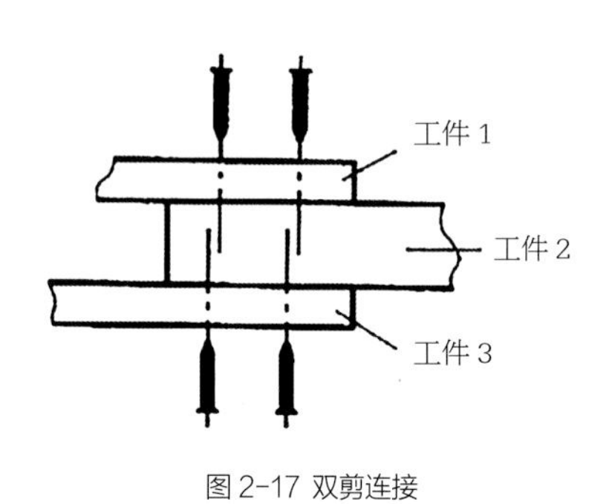

图 2-17 双剪连接

（2）螺钉连接

连接力强、可松可紧、可拆卸，是螺钉结合的优点。螺钉一般是平头的，头部有槽沟，用处是供起子旋紧（图 2-18）。

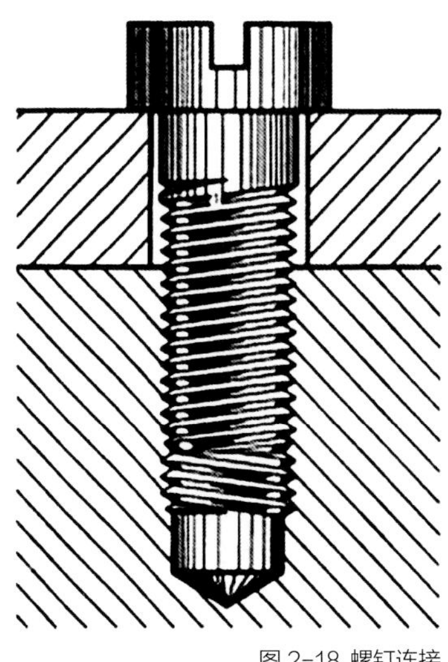
图 2-18 螺钉连接

2. 钉连接工艺

在制作木模型时如果要进行手工连接，通常使用圆钉连接和螺钉连接，在这里主要介绍这两种连接的工艺与方法。

（1）使用螺钉结合的注意事项

①选用螺钉的长度时，应根据被钉入木料的厚度（不穿透为宜）和工件的受力要求、五金件上的孔径等情况，选用长度合适的螺钉。

②根据木料的不同要选用粗细合适的螺钉，硬质木料宜用粗杆螺钉，软木料宜用细杆螺钉。

③用螺钉结合木质工件时，先在第一个工件上打出稍大于螺钉直径的通孔，后换用大于螺钉圆帽直径的钻头对通孔边缘进行划窝处理，从而达到将螺钉拧入工件后螺钉圆帽藏于工件内的目的。

④螺钉结合的工件，上层应钻孔，孔的直径与钉直径相同。如果下层是硬木，也应钻小于钉杆直径、深 10mm~20mm 的孔。

⑤起子要与钉槽的大小适合，旋扭时应扶正钉杆用力按住钉帽，旋进木内时螺钉能保持垂直。遇上坚硬木料，旋扭不进时，可在螺纹上沾些肥皂润滑。

⑥硬木料需要上钉时，螺钉应钻孔，并挖出沉头坑。

（2）使用圆钉结合的注意事项

①搭接所用图钉的长度，一般不小于上层板厚的 2~3 倍。两层板料叠合时，圆钉应钉到下层板厚 3/4 的深度。圆钉的直径一般不大于板厚的 1/4，硬而脆的木料应先钻孔，孔的直径要略小于钉的直径。在木料的边缘钉圆钉时，钉孔与边缘的距离应不小于圆钉直径的 3 倍；并且不要钉在一条直线上。要略为错开，防止木纹开裂。

②一次将工件钉牢固时，圆钉应斜向钉入，倾角为 70° ~80° 。

③尽量避免在节子、裂缝上钉钉，非钉不可时，应先钻孔，并将节上的钉孔挖出沉头坑。

④敲击圆钉时，木料下部要支垫牢实，不可悬空，防止敲断木料。假如圆钉偏歪，应当拔出，换个位置再钉。

⑤圆钉脚如果穿过反面，应予“伏脚”，即将钉脚用铁钳夹弯。钉帽用斧头抵住，然后用锤子将钉尖锤入木内。

○ 2.3.3 卯榫连接

1. 卯榫连接的原理与特点

卯榫连接是木制品中被广泛应用的传统结合方式。它主要依靠榫头四壁与榫孔相吻合，安装时，注意清理榫孔内的残存木渣，榫头和榫孔四壁涂胶层要薄而均匀，为了避免挤裂榫眼，装榫头时用力不宜过猛，必要时可加木楔，达到配合紧实的目的。

卯榫连接是由榫头和榫眼（槽）两部分组成，卯榫连接的各部名称如图 2-19 所示。

卯榫连接的特点是：传力明确，构造简单，结构明晰，便于检查。按照结合部位的尺寸、位置及构件在结构中的作用不同，榫头有各种各样的形式（图 2-20）。各种榫按照木制品结构有明榫和暗榫之分。根据榫头可以制定榫孔的形状和大小。

2. 卯榫连接的制作方法

按图纸要求在已经制作好的木质构件上画出榫眼、榫头的位置，画线时应一对一对地画，如果是批量构件，应按批相对画线，画线要准确无误，线条清晰。

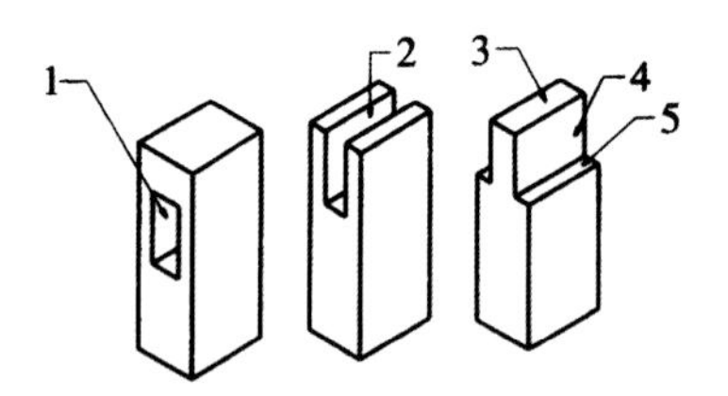

1. 榫眼 2. 榫槽 3. 榫端 4. 榫颊 5. 榫肩

图 2-19 卯榫连接的各部名称

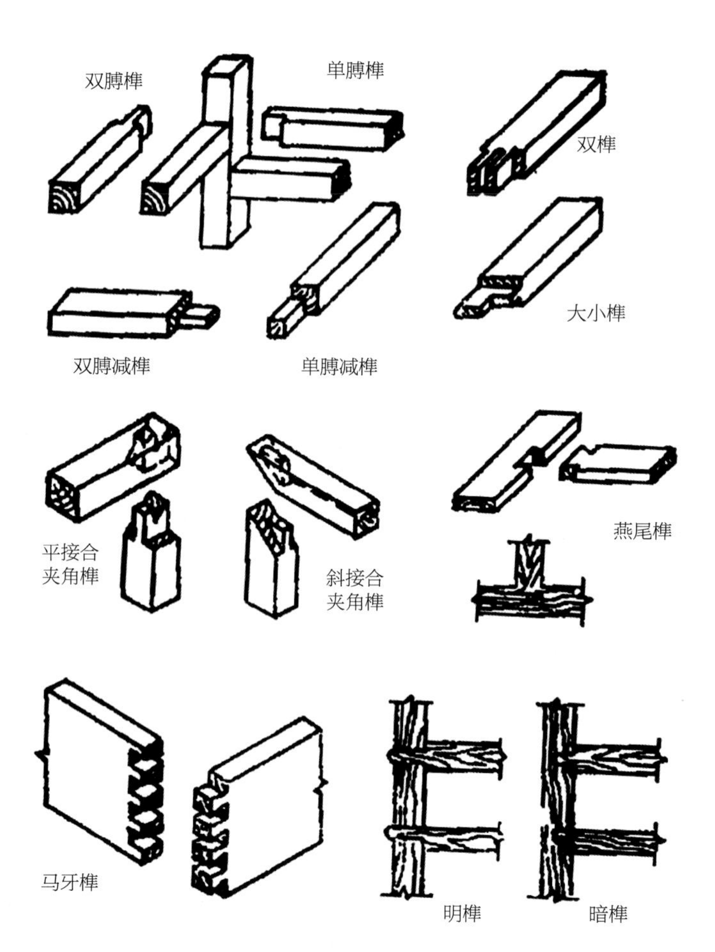

图 2-20 卯榫连接的各种形式

一是按照榫眼的宽度选择相应宽度的平凿进行加工。打榫眼前先画好榫眼的墨线，木料放在垫木或木工凳上，打眼的面向上，人可坐在木料上面，如果木料短小，可以用脚踏牢。打眼时左手紧握凿柄，靠近身边的横线附近（约离横线 3~5mm）放置凿刃，凿刃斜面向外。凿要拿得垂直，凿顶用斧或锤着力地敲击，使凿刃垂直进入木料内，这时木料纤维被割断，此时再拔出凿子，把凿子前移一些斜向打一下，从孔中将木屑提出，通过此方法以后能打凿及剔出木屑，当凿到另一条线附近时，要把凿子反转过来，凿子垂直打下，剔出木屑，当孔深凿到木料厚度一半时，再修凿榫眼前后壁，但两根横线应留在木料上，切忌凿去，打全眼时（凿通孔），应先凿背面直到一半深，将木料翻身之后，从正面打凿，这样加工的榫眼四周不会产生撕裂现象。

二是榫眼制作完成后要在另一工件上制作与之互相配合的榫头。按画线位置用细齿的手锯和刀锯锯割出榫头形状，注意榫头要稍大于榫眼，目的是让榫头进入榫眼后比较充盈，能够让两个构件连接牢固。榫头锯割时，左手的大拇指指甲靠定锯割线，锯条挨指甲在榫头端轻轻锯几下，再翻边对正锯割。拉直锯条，掌稳锯架，对那些较宽的榫头，可以多翻转几次。锯榫的锯路不宜太过，否则榫头平面毛糙，影响装对。

三是榫头、榫眼制作完成以后将内外表面的凿痕、锯痕用平铲修整平滑。

四是榫头、榫眼全部制作完成以后，按工件连接顺序编号排放，准备进行榫结合，榫结合连接时分别在榫头、榫眼上涂抹少许白乳胶。榫头对准榫眼垫上木块后，逐渐用力用锤击打直至榫头完全进入榫眼。

组合一件家具往往需要若干构件，要通过各种形式的榫接，构件与构件的结合处才能够巧妙地连接起来，组成一件完整的家具。被视为奇迹般的形体框架结构和接合方法的榫接，创造出实用与美观、科学与艺术相结合的中国特色家具，体现了在人类造物史上中华民族做出的努力成果和智慧贡献。

○ 2.3.4 焊接

1. 焊接的原理与分类

焊接是两种或两种以上同种或异种材料，经过原子或分子之间的结合和扩散连接成一体的工艺过程。加热或加压，或同时加热和加压，是促使原子和分子之间发生结合扩散的方法。按照其工艺过程进行分类，金属的焊接分为熔焊、压焊、钎焊三大类。

（1）熔焊

熔焊是在焊接过程中将工件接口加热至熔化状态，不加压力完成焊接的方法，熔焊时，热源迅速加热熔化了待焊两工件接口处，形成熔池。熔池随着温度源头向前移动，随着温度下降变成连续焊缝从而将两个工件连接在一起，成为一个整体。在熔焊过程中，假如空气和温度极高的熔池直接接触空气中的氧，就会发生氧化金属和各种合金元素的化学反应，如果大气中的氮水蒸气等进入熔池后，还会在接下来的降温过程中，形成气孔夹渣、裂纹等缺陷，使焊缝的质量和性能变差。因此，人们研究出了各种各样的保护方法来提高焊接质量，例如利用氩、二氧化碳等气体隔绝大气保护电弧焊，以保护焊接时的电弧和熔池率，又如钢材焊接时，加入对氧亲和力大的钛铁粉在焊条药皮中进行脱氧，就可以保护焊条中有益元素锰、硅等免于氧化而进入熔池，冷却后获得优质焊缝。在熔焊工艺中将工件焊接处局部加热到熔化状态形成熔池，通常还加入填充金属，冷却结晶后形成焊缝，被焊工件被结合为不可分离的整体，气焊、电弧焊、电渣焊、等离子弧焊、电子束焊、激光焊等是常见的熔焊方法。在熔焊过程中，如果大气与高温的熔池直接接触大气中的氧就会氧化金属和各种合金元素。

（2）压焊

压焊又称固态焊接，是在加压条件下使两工件在固态下实现原子间结合的焊接方式。这种压焊方法的共同特点是在焊接过程中添加压力而不加填充材料。大部分压焊方法都没有材料熔化过程，所以不容易像熔焊那样会发生有些合金元素烧损和有害元素侵入焊缝的问题，从而使焊接过程得到了简化，焊接安全卫生条件也得到了改善，同时由于加热温度短于熔焊的加热时间，所以热影响区小。很多难以用熔焊焊接的材料，往往可以用压焊焊成与母材同等强度的优质接头。

（3）钎焊

相对来说钎焊的工艺是比较简单的，主要是有两种冶金性相似的金属，通过使用第三种金属作为一种粘结剂连接，使用比工件熔点低的金属材料作钎料，将工件和钎料加热到高于钎料熔点、低于工件熔点的温度，通过利用液态钎料润湿工件，填充接口间隙并与工件实现原子间的相互扩散，从而实现焊接的方法。钎焊过程中，被焊工件不熔化，且一般没有塑性变形。

根据金属模型的连接要求，焊接时选用适合的焊接方法，进行焊接时使用焊接设备应由专业人员指导操作。

2. 手工焊接工艺

在制作金属模型时通常使用电烙铁、锡焊丝等工具，将金属零件进行手工焊接，用锡焊丝焊接金属零件属于钎焊焊接，在此主要介绍手工锡焊工艺与方法。

（1）焊接操作姿势与卫生

焊剂加热挥发出的化学物质对人体是有害的。如果在操作时鼻子距离烙铁头太近，则很容易将有害气体吸入。一般情况下，烙铁应当离开鼻子不小于 30cm 的距离，通常以 40cm 时为最佳。电烙铁有三种拿法（图 2-21）：反握法，动作稳定，长时间操作不易疲劳，适于大功率烙铁的操作；正握法，中等功率烙铁或带弯头电烙铁的操作可以使用这种方法；握笔法，一般在操作台上焊印制板等焊件时多采用这种方法。焊锡丝的拿法一般有两种（图 2-22）：连续锡丝拿法，用拇指和食指握住焊锡丝，其余三手指配合拇指和食指把焊锡丝连续向前送进，它适用于成卷焊锡丝的手工焊接；断续锡丝拿法，用拇指、食指和中指夹住焊锡丝。采用这种拿法时，焊锡丝不能连续向前送进，适用于小段焊锡丝的手工焊接。由于焊丝成分中铅占有一定比例，大家都知道铅是对人体有害的重金属，为了避免食入，所以操作时应戴手套或操作后洗手。使用电烙铁要配置烙铁架，一般放置在工作台右前方，电烙铁用后一定要稳妥地放于烙铁架上。同时还要注意的是导线等物件不要碰到烙铁头，防止烫伤导线，造成漏电等事故。

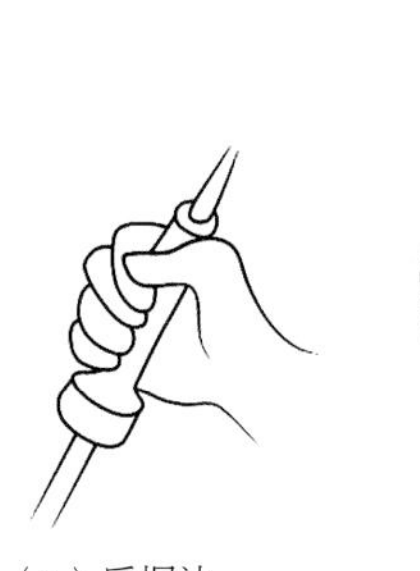
（a）反握法

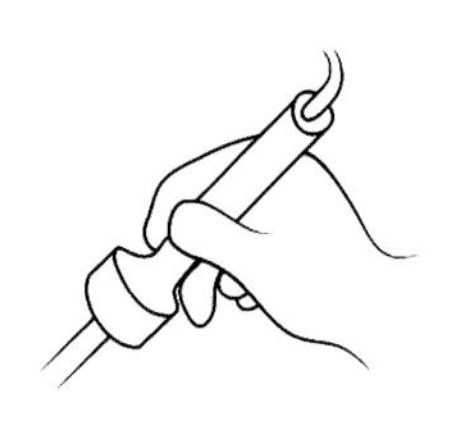
（b）正握法

（c）握笔法

图 2-21 电烙铁的三种拿法

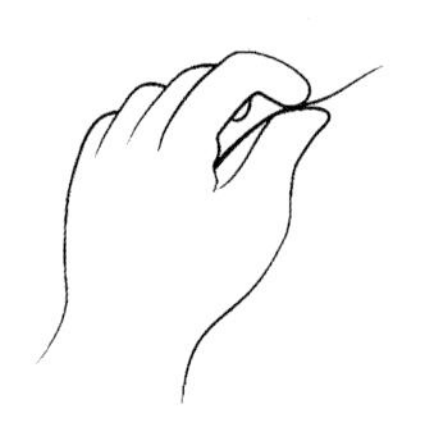
（a）连续焊接时

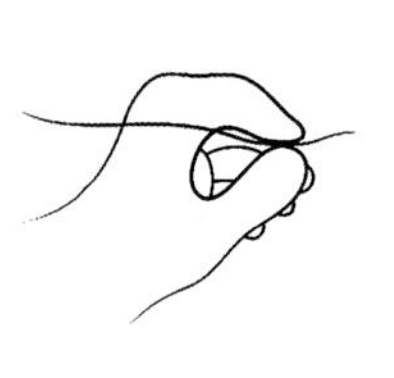
（b）断续焊接时

图 2-22 焊锡丝的两种拿法

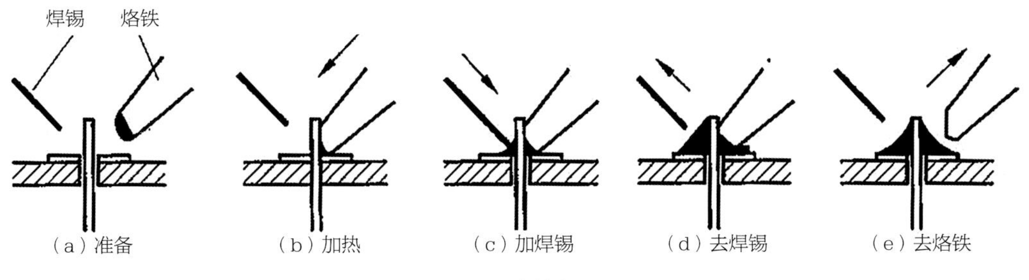

图 2-23 焊接步骤

（2）手工焊接操作的基本步骤

①准备

准备好被焊件、电烙铁、焊锡丝、烙铁架等，并放在便于操作的地方，为了去除氧化物残渣，焊接前要先将加热到能用的烙铁头放在松香和蘸水海绵上轻轻擦拭，然后在清洁的烙铁头上加上少量的焊料和助焊剂，也就是常称的让烙铁头吃上锡，使烙铁随时处于可焊接状态（图 2-23a）。

②加热焊件

在被焊件的焊接点上放置烙铁头，将焊接点升温，烙铁头上带有少量焊料可使烙铁头的热量较快地传到焊点上（图 2-23b）。

③熔化焊料

再将加热到一定温度的焊接点，把焊锡丝放到焊接件处，熔化适量的焊料。注意，不是直接将焊锡加在烙铁头上，而是焊锡丝应从烙铁头的对称侧加入到被加热的焊接点处（图 2-23c）。

④移开焊锡丝

等焊锡丝适量熔化后，迅速移开焊锡丝。此时非常关键的步骤是对于焊锡量的多少控制，要在熔化焊料时注意观察和控制（图 2-23d）。

⑤移开烙铁

当焊接点上的焊料流散接近饱满，助焊剂还没有完全挥发，也就是焊接点上的温度适当时，焊锡是最光亮，流动性最强的，应迅速拿开烙铁头。烙铁头移开的时机、方向和速度，决定着焊接点的焊接质量，先慢后快是正确的方法，沿 45° 角方向移动烙铁头，并在将要离开焊接点时快速往回一带，然后迅速离开焊接点（图 2-23e）。

（3）对焊接质量的要求和检查

焊接完毕后要检查焊点的质量。对焊接质量的基本要求如下。

一是焊点上要有适当的焊料，焊点上焊料过少，不仅机械强度低，而且由于逐渐加深的表面氧化层，容易导致焊接失效，若焊料过多，则使焊料浪费，堆的焊锡过多会造成虚焊现象。

二是具有一定的机械强度，如果想要被焊件不松动或焊点不脱落，应有一定的强度。锡铅焊料中的锡和铅的强度较低，为了增强强度，可根据需要适当增大焊接面积。

三是焊点的表面应有光泽，优良的焊点应光滑，并有特殊的光泽和良好的颜色，不应出现凹凸不平和颜色光泽不均的现象，如果出现了这些现象，主要与焊接时对焊接温度的掌握和对使用的助焊剂数量的控制有关。

四是焊点不应有毛刺、空隙。

五是焊点应有清洁的表面，污垢残留在焊点表面特别是助焊剂的有害残留物，若不及时清除，会留下隐患。

焊接结束后，根据上述要求，对焊接点的外观进行检查和清理。清除污物和有害残留物，及时发现问题并进行补焊。

（4）手工焊接的要点

一是注意烙铁头与焊件和焊盘两者间的接触，不要只将烙铁与工件接触而远离焊盘，或只与焊盘接触远离被焊工件。

二是使用不同的烙铁要掌握好加热时间，焊接不同的工件时也要掌握好焊接时间，过短的加热时间会使加温不够，造成焊接质量差，但加热时间过长，也会使被焊工件变形或损坏。

三是要控制好锡焊丝的分量。用焊锡丝做焊料时，注意观察焊锡丝的熔化量和控制焊锡丝的给进速度。

○ 2.3.5 常用连接件

按照拆开时是否会损坏被连接部分，常见的连接形式可分为可拆连接和不可拆连接。可拆连接即在拆开时，不会损坏其连接部分，例如螺栓连接、螺钉连接、销连接和键连接等。不可拆连接即在拆开时，会破坏到其连接部分，例如铆接、焊接等。常用的连接件有螺栓、螺母、螺柱、螺钉、垫圈、键、销及铆钉等。

1. 螺纹连接

（1）螺栓连接

螺栓、螺母和垫圈是螺栓连接的紧固件。双头螺柱两端均加工有螺纹，一端和被连接件旋合，另一端和螺母旋合。

（2）螺钉连接

螺钉头部结构有球头、圆柱头和沉头螺钉。

2. 键连接

键用来连接轴和装在轴上的传动件，其固定了它们的位置，使它们之间不产生相对运动。常用的键有普通平键、半圆键和钩头楔键等。矩形花键是被广泛应用的一种花键连接（图2-24）。除矩形花键外，还有梯形、三角形、渐开线花键等。

图 2-24 矩形花键

3. 销连接

依靠形状起作用的连接，能拆卸而不会损坏连接元件的就是销连接。销大部分都以一定的过盈打入被连接件的同心孔中。在这种情况下，被连接的构件就被强制地销住在所要求的位置。常用的销有圆柱销，用于连接；圆锥销，用于定位；开口销，用于防止零件松脱。

4. 铆钉连接

铆钉连接，简称铆接，是使用铆钉连接两件或两件以上的工件。铆钉连接是飞机、船舶等制造业中应用广泛的一种不可拆卸的连接形式。

铆钉由铆钉杆和铆钉头组成。铆钉的种类很多，常用的铆钉形式有半圆头、平锥头、沉头、半沉头四种（图 2-25）。

5. 齿轮

机器中应用广泛的常用件是齿轮，它作用是传递扭矩、改变转速和运动方向等。常见的齿轮有圆柱齿轮、圆锥齿轮、蜗轮蜗杆三种（图 2-26）。

（1）圆柱齿轮

圆柱齿轮可以用来平行两轴间的传动，它分为直齿、斜齿和人字齿等。其中直齿和斜齿轮又可以细分为标准齿轮和变位齿轮。

（2）圆锥齿轮

圆锥齿轮可以用来联合两轴之间的传动。圆锥齿轮又可分为直齿、斜齿等。

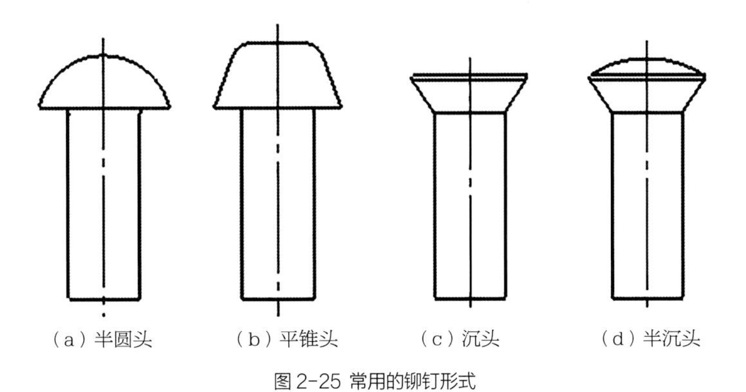

（a）半圆头　（b）平锥头　（c）沉头　（d）半沉头

图 2-25 常用的铆钉形式

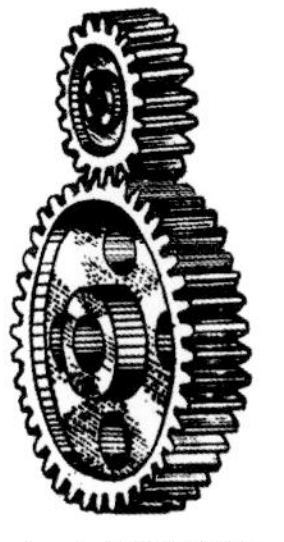

（a）圆柱齿轮

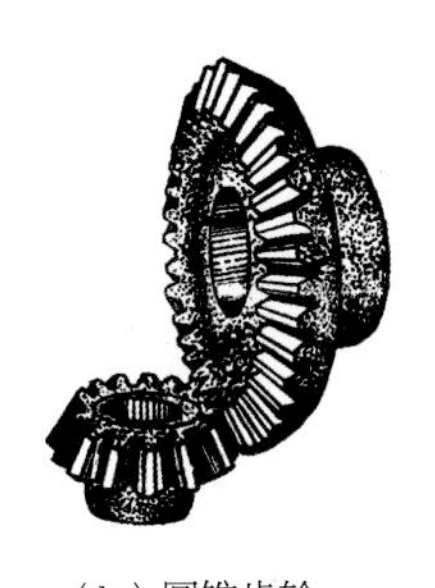

（b）圆锥齿轮

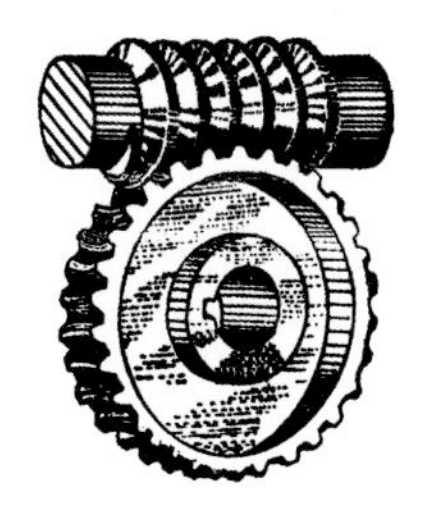

（c）蜗轮蜗杆

图 2-26 常见齿轮

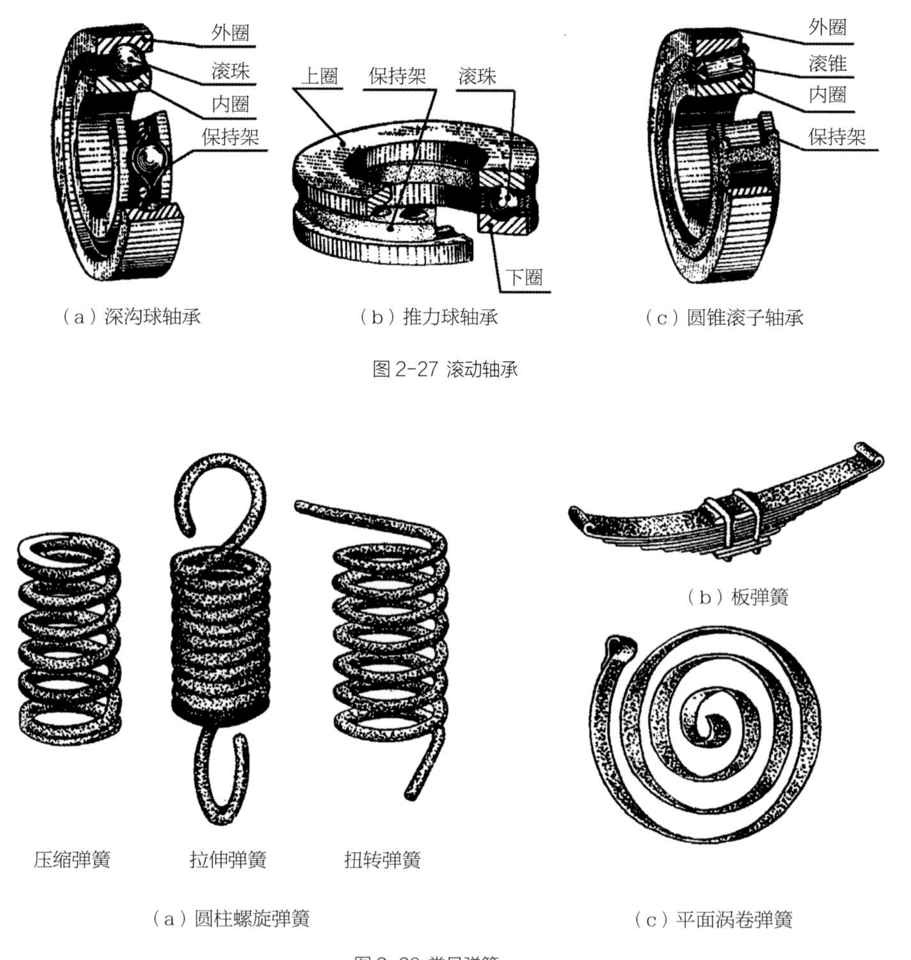

（a）深沟球轴承　（b）推力球轴承　（c）圆锥滚子轴承

图 2-27 滚动轴承

（a）圆柱螺旋弹簧　（b）板弹簧　（c）平面涡卷弹簧

图 2-28 常见弹簧

（3）蜗轮蜗杆

蜗轮蜗杆传动可以用来传递两交叉轴的运动，一般情况下两轴线都为垂直交叉状态。这种传动也有着自己的优缺点，优点是可以得到很大的速比，且结构紧凑，传动平稳，缺点是传动效率低。最常用的圆柱蜗杆，类似于梯形螺杆，蜗轮类似斜齿圆柱齿轮。现实中我们通常将蜗轮加工成凹形环面，目的是增加接触面。

6. 滚动轴承

滚动轴承一般由内圈、外圈、滚动体和保持架四部分组成（图 2-27）。滚动轴承是用来支承旋转轴的部件，因为其结构紧凑、摩擦阻力小，在机器中被广泛使用。常用的滚动轴承有深沟球轴承、推力球轴承、圆锥滚子轴承等。

7. 弹簧

弹簧有着广泛的用途，如减震、夹紧、储能及测力等。弹簧最大的特点是失去外力后能立即恢复原状。弹簧的种类有很多，常用的弹簧有圆柱螺旋弹簧、板弹簧、平面涡卷弹簧（图 2-28）。其中圆柱螺旋弹簧又有压缩弹簧、拉伸弹簧和扭转弹簧之分。

2.4 模型加工方式

○ 2.4.1 机械加工

很多机械加工方法都可以用于模型制作，如注塑成型、激光快速成型、激光雕刻、CNC 加工等，常用的大型设备有激光切割机、激光雕刻机、加工中心等，以及专业辅助工具有车床、铣床、刨床、磨床、钻床、镗床等，可用于非金属材料的切割、雕刻、雕花镂空或打点打孔及金属的镭射雕刻等。

1. 车床

车床是用车刀对旋转的工件进行车削加工的机床。还可用钻头、扩孔钻、铰刀、丝锥、板牙和滚花工具等在车床上进行相应的加工，主要用于加工轴、盘、套和其他具有回转表面的工件，在机械制造和修配工厂中是使用最广的一类机床。

车床安全操作规程：

（1）工作前按规定润滑机床，对各手柄是否到位进行检查，并开慢车试运转五分钟确认一切正常方能操作。上卡盘夹头，开机时扳手不能留在卡盘或夹头上。

（2）要使工件和刀具装夹牢固，不应过长伸出刀杆（镗孔除外），要停车来转动小刀架，以免刀具碰撞卡盘工件或划破手。

（3）工件运转时，操作者切忌正对工件站立，要做到身不靠车床，脚不踏油盘。

2. 铣床

铣床是指在工件上用铣刀加工多种表面的机床。通常主运动为铣刀旋转运动，进给运动为工件（和）铣刀的移动。铣床可以对平面（水平面、垂直面）、沟槽（键槽、T 形槽、燕尾槽等）、分齿零件（齿轮、花键轴、链轮）、螺旋形表面（螺纹、螺旋槽）及各种曲面进行加工。铣床除了能铣削平面、沟槽、轮齿、螺纹和花键轴外，还能对比较复杂的型面加工，效率较刨床高。此外，还可对回转体表面、内孔进行加工及进行切断工作等。铣床在工作时，装在工作台上或分度头等附件上的工件，主运动为铣刀旋转，辅以工作台或铣头的进给运动，工件就可以获得所需的加工表面。因为是多刃断续切削，所以铣床有较高的生产率。简单来说，铣床是可以对工件进行铣削、钻削和镗孔加工的机床。

铣床安全操作规程：

（1）操作前先对铣床各部位手柄是否正常进行检查，按规定加注润滑油，并低速试运转 1~2 分钟，再进行操作。

（2）工作前应穿好工作服，女工要戴工作帽，操作时严禁戴手套。

（3）要稳固地装夹工件。必须在机床停稳后，才能进行装卸、对刀、测量、变速、紧固心轴及清洁机床。

（4）切忌穿过机床主轴调试冷却液开关大小。

（5）开车时，应检查工件和铣刀的位置是否恰当。

（6）铣床自动走刀时，把手与丝扣要脱开；不能走到工作台两个极限位置，限位块应安置牢固。

（7）铣床运转时，擦拭铁屑清扫机床；禁止徒手或用棉纱抹布，切忌站在铣刀的切线方向，更不得用嘴吹切屑。机床停止后方可进行擦拭，使用毛刷刷。

（8）工作台与升降台移动前，必须将固定螺丝松开；不移动时，将螺母拧紧。

（9）在开机前要将刀杆、拉杆、夹头和刀具装好并拧紧，不得利用主轴转动来帮助装卸。

（10）工作完毕应关闭电源，清扫机床，并将手柄置于空位，工作台移至正中。

3. 刨床

刨床是用刨刀对工件的平面、沟槽或成形表面进行刨削的直线运动机床。使用刨床加工，刀具较简单，但生产率较低（加工长而窄的平面除外），所以主要用于单件、小批量生产及机修车间，在大批量生产中往往被铣床所代替。

刨床安全操作规程：

（1）开车前

①去导轨面灰尘后，往各滑动面及油孔加油。

②要卡紧工件、刀具，工件、螺钉的高度不得高于滑枕低面的高度及刀尖。

③各手柄的位置、滑块行程长度、行程位置和速度是否合适；检查各有关部分是否锁紧，棘爪、棘轮是否脱开。

④转动刀架、刀合、刀角时切忌击打。

⑤检查刀架与工作台面的位置。

⑥长度调整器上的手柄使用后要及时取下，切忌将工具、量具放在工作台上。

（2）开车后

①不准变速或做其他调整工作，不准用手摸刨刀、工件和机床运动部分，不准度量尺寸。

②工作时要精神集中，走自动刀时不准离开机床，应站在合适的位置。

③发现异常现象（如工件、刀具松动），要立即停车。

（3）离开前

①擦机床时，工作台不能摇出横梁，并防止刨刀划破手。

②擦净机床，拉掉电闸，整理工件，清扫场地。

③发生事故时，切断电源，保护现场，向有关人员报告事故情况。

4. 磨床

磨床是利用磨具对工件表面进行磨削加工的机床。大多数的磨床是使用高速旋转的砂轮进行磨削加工，少数的使用油石、砂带等其他磨具和游离磨料进行加工，如珩磨机、超精加工机床、砂带磨床、研磨机和抛光机等。磨床能加工硬度较高的材料，如淬硬钢、硬质合金等；也能加工脆性材料，如玻璃、花岗石等。磨床既能做高精度和表面粗糙度很小的磨削，也可以进行高效率的磨削，如强力磨削等。

磨床安全操作规程：

（1）启动磨床前应先检查机床各手柄是否停放在正确位置。

（2）对于机床说明书上要求润滑的部位按时加润滑油。

（3）加工前，开动机床进行低速运行，使机床各导轨充分润滑，检查机床各种运动及声音是否正常，同时检查砂轮是否有损坏。

（4）在进行磨床操作时，应避免站在正对砂轮的旋转方向，以免发生意外。

（5）在操作平面磨床时，应先检查工件是否吸牢，对于小型工件要特别注意装夹是否牢固，防止工件飞出伤人。机床工作时不要站在工作台运行方向。

（6）操作机床时应穿紧口工作服并不得戴手套，女同志要戴工作帽。

（7）加工过程中要选择合适的切削用量和进给速度，在保证砂轮锋利的同时要加注充足的冷却液，以防止工件因为受力、受热过大而出现危险。

（8）加工过程中不得离开机床，应密切注意加工情况。工具、量具应放在安全的位置。

（9）加工完成后，将机床各手柄停放在正确位置。砂轮停止转动后方可取下工件。

（10）再次加工时，应在砂轮静止的状态下重新调整砂轮和工件之间的相对位置，防止因砂轮和工件距离不当，造成工件和砂轮受损及人身危险。

（11）使用后及时清理磨下的铁屑，擦干冷却液，以防止机床被腐蚀，最后关闭机床电闸。

（12）在日常工作中，要经常检查机床上易松动的部件和限位部件，如有问题及时调整，使机床处于最佳的工作状态。

5. 钻床

钻床主要是用钻头在工件上加工孔的机床。一般情况下主运动为钻头旋转，进给运动为钻头轴向移动。钻床结构简单，加工精度相对较低，可钻通孔、盲孔，更换特殊刀具后可扩孔、锪孔、铰孔或进行攻丝等。加工过程中不要动工件、移动刀具，将刀具中心对准正孔中心，并使刀具转动（主运动）。钻床的特点是工件固定不动，刀具做旋转运动。钻床与手电钻钻孔的方法及工艺有着相似之处。

钻床安全操作规程：

（1）工作前必须检查各部分操作机构是否正常运行，将摇臂导轨用细棉纱擦拭干净并注润滑油。

（2）摇臂和主轴箱各部分锁紧后，才可以进行操作。

（3）摇臂回转范围内不得有障碍物。

（4）开钻前，钻床的工作台、工件、夹具、刃具，必须找正、紧固。

（5）正确选用主轴转速、进刀量，不得超载使用。

（6）超出工作台进行钻孔，工件必须平稳。

（7）机床运转时，不许变转速，若变速只能待主轴完全停止后方可进行。

（8）装卸刃具及测量工件，必须在停机后进行，切忌直接用手拿工件钻削，不得戴手套操作。

（9）工作中发现有不正常的响声，必须立即停车检查排除故障。

（10）工作完后，把摆臂降到最低位置，整理并清扫工作地点。

6. 镗床

镗床指主要用镗刀在工件上对已有预制孔的机床进行加工。一般情况下，主运动为镗刀旋转，进给运动为镗刀或工件的移动。镗床主要用于加工高精度孔或一次定位完成多个孔的精加工，除此之外还可以从事与孔精加工有关的其他加工面的加工。

镗床安全操作规程：

（1）穿好工作服，扎好袖口。女工戴好工作帽，不准穿凉鞋进入工作位。

（2）工作前要检查机床各系统是否安全完好，各手轮摇把的位置是否正常，快速进刀有无障碍。限位挡块应安装正确，按润滑部位加油，需试车 1~2 分钟。

（3）每次开车及开动各部位时，要注意刀具及各手柄是否在需要的位置上，扳快速转动手柄时，要先轻轻开动一下，看部位的方向是否正确，禁止突然开动快速转动手柄。

（4）机床开动前，检查镗刀是否把牢，工件是否卡牢，压板必须平稳，支撑压板的垫铁不宜过高或块数过多，安装刀具时，紧固螺丝不准凸出镗刀回转半径。

（5）机床开动时，不准量尺寸、对样板或用手摸加工面；镗孔、扩孔时不准将头贴近加工孔观察吃刀情况，更不准隔着转动的镗杆取东西。

（6）使用平旋刀盘式自制刀盘进行切削时螺丝要上紧，不准站在对面或伸头查看，以防刀盘螺丝和斜铁甩出伤人，更要注意防止绞住衣服造成事故。

（7）启动工作台自动回转时，必须将镗杆缩回，工作台上禁止站人。

（8）操作一台镗床时若有两人以上，应密切联系，互相配合，并由主操作人员统一指挥。

（9）机床运转时不得离开机床或做与工作无关的事，离开时必须要关车。

（10）工作结束时，关闭各开关，把机床各手柄扳回空位。

○ 2.4.2 手工切削与雕刻

借助锋利刃口的金属工具在非塑性的坚硬固体材料上进行手工切削与雕刻，去除多余的材料，以获得所需要的立体形态，通常是由大到小、由外向内的加工过程。这个加工过程通常不可逆或者难以回到加工之前的状态，所以要事先对加工的结果有明确的预判，如果不满意加工结果，就只能通过重新在工件上连接材料再进行加工，一般情况下这种做法是具有难度的，所以需要制作者思路明确，小心谨慎。

1. 切割工具及工艺

切割是用金属刃口分割模型材料或工件的一种加工方法。切割工具是指用来进行切割加工的工具。常见的切割工具有美工刀、勾刀、剪刀、管子割刀等，切割工具都是利器，使用时一定要按照正确的方法操作，防止伤害人体、工具及工件。

（1）切割工具的分类

①美工刀

美工刀，也称多用刀，组成部分多数是塑料刀柄和刀片，为抽拉式结构，也有少数为金属刀柄，刀片多为斜口，用钝后可顺着刀片上的刻线折断，以出现新的刀锋，使用时方便快捷。有大小多种型号的美工刀，常用于切割薄型纸板、木板、塑料板等，使用美工刀时通常只使用刀尖部分，但因为塑料板有塑性和黏性，用刀尖切割时容易滞刀，所以在切割塑料板时需要用刀背切割，这样能够在切割过程中去除部分材料，使切割更流畅，这与勾刀的使用方法相同。

美工刀的刀身非常脆弱，所以在使用时切忌把刀身伸出过长。同时要根据手型来挑选刀柄，通常在工具外包装上写有握刀手势说明。值得注意的是，为了方便折断，许多美工刀都会在刻线工艺上做处理，然而对于惯用左手的人来说，这些处理可能会比较危险，因此使用时要多加小心。

需要注意的是，在使用所有的手动工具过程中，工具运动的方向不要对着自己和他人的身体部位，以免用力过猛后，工具超出控制范围而伤及自己或他人。

②勾刀

勾刀与美工刀有着相同的基本构造，它们的不同点是勾刀刀尖部位的斜角在运动方向的反方向，有约 0.5mm 的厚度在运动方向一侧，这种形状有利于在切割材料时勾去部分材料，让切割更加流畅，常用于切割厚度小于 10mm 的有机玻璃板及其他塑料板。用勾刀切割板材时，用定位尺作为靠模，沿所画线的边缘用勾刀用力拉切，当切割达到 1/2 的深度时，将加工板放到工作台上，再将板的一端悬空，悬空的一端用丁字尺和其他板材沿线压住，对悬空的一端用力一压即可断开。

③剪刀

剪刀的形状、大小、长短各式各样，可分为剪切软质材料的普通剪刀和剪切薄金属板材的铁剪刀。其中铁剪刀又分为直剪口型和弯剪口型，需按用途选用。

④管子割刀

刀架和割刀组成管子割刀，刀架上可伸缩调节的刀杆端头装有圆形割刀，割刀由钢筋淬火硬化而成，可切割 Ø3mm~Ø30mm 的塑料管材。

（2）手工切割工艺

①直线的剪切方法有剪短料、剪长料、剪切板料。（图 2-29）

②曲线的剪切方法有剪切外圆、剪切内圆。（图 2-30）

③厚料的剪切方法有剪刀加力法、敲击剪刀法。（图 2-31）

A. 剪刀加力法。将剪刀夹在台虎钳上，在上剪柄套上一根加力管，右手握住加力管，左手拿住板料进行剪切。

B. 敲击剪刀法。由两人操作，一人敲击剪刀，另一人持剪刀和板料，这样也可剪切较厚的板料。

（a）剪短料　（b）剪长料　（c）剪切板料

图 2-29 直线的剪切方法

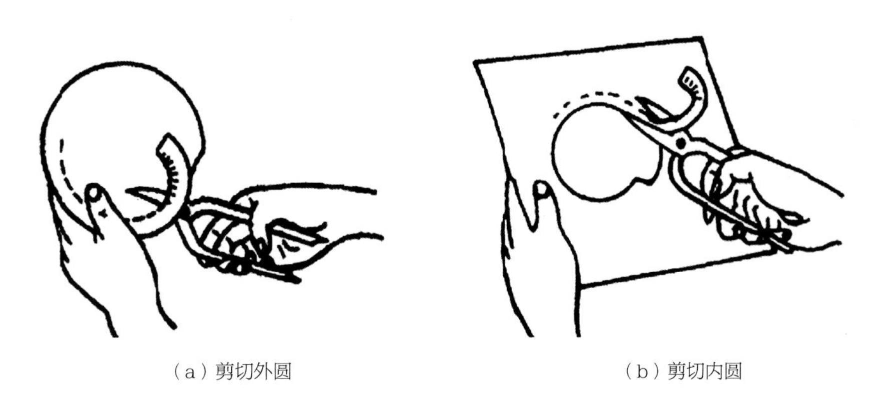

（a）剪切外圆　（b）剪切内圆

图 2-30 曲线的剪切方法

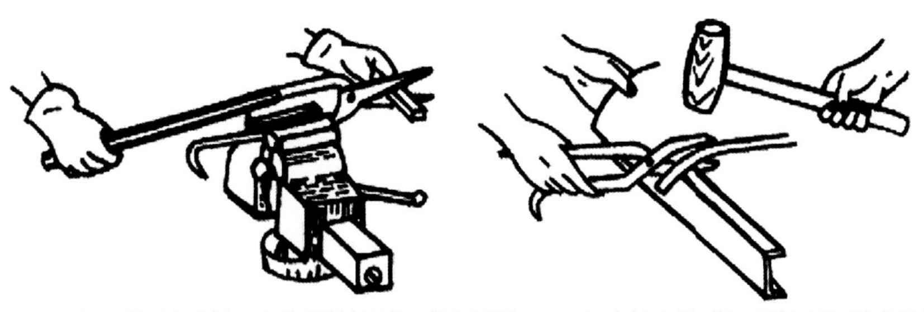

（a）剪刀加力法：在台虎钳上用剪刀剪切厚料　（b）敲击剪刀法：用敲击法剪切厚料

图 2-31 厚料的剪切方法

2. 锯削工具及工艺

锯削是指用锯子分割模型材料或工件的加工方法，锯削工具是指用来进行锯削加工的工具。常见的锯削工具有钢锯、钢丝锯、木框锯、板锯、圆规锯等。

（1）锯削工具的分类

①钢锯

钢锯由锯弓和锯条两部分组成（图 2-32），其中锯弓的作用是安装和张紧锯条，分为活动式与固定式两种，锯弓两端各有一个夹头，锯条孔被夹头上的销子插入后，旋紧翼形螺母就可把锯条拉紧。锯条一般由渗碳钢冷轧而成，也有用碳素工具钢或合金钢制成，并经热处理淬硬。钢锯适用于金属、塑料、木材等多种材料的切割。在制造锯条时，锯齿是按一定的规则左右错开，排列成一定的形状，称为锯路，锯路有交叉形、波浪形等。锯条有了锯路后，可使工件上被锯出的锯缝宽度大于锯条背的厚度。这样，锯削时锯条不会被卡住，锯条与锯缝的摩擦阻力也较小，所以当作业比较顺利时，锯条也不会由于过热而加快磨损。

钢锯是在向前推进时进行切削的，所以锯条安装时要保证锯齿的方向正确（图2-33）。锯条在安装时也要控制它的松紧，过紧会使锯条受力太大，在锯削中稍有卡阻受到弯折时，就很易崩断，过松则锯削时锯条容易扭曲，也会出现折断的可能，而且锯缝容易发生歪斜。装好的锯条应使它与锯弓保持在同一中心平面内，这有利于保证锯缝正直和防止锯条折断。

②钢丝锯

锯条很细的钢丝锯（图 2-34），可用来进行复杂曲线切割，也可以用来开各种直径的孔。钢丝锯适用于材料的曲线切割，例如薄纸板、木板、塑料板等，通常用来切割镂空部件。曲线切割时，先在板材上钻一个孔，将锯条从孔中穿过，再将锯条安装在锯框上，然后沿线锯削。

图 2-32 钢锯

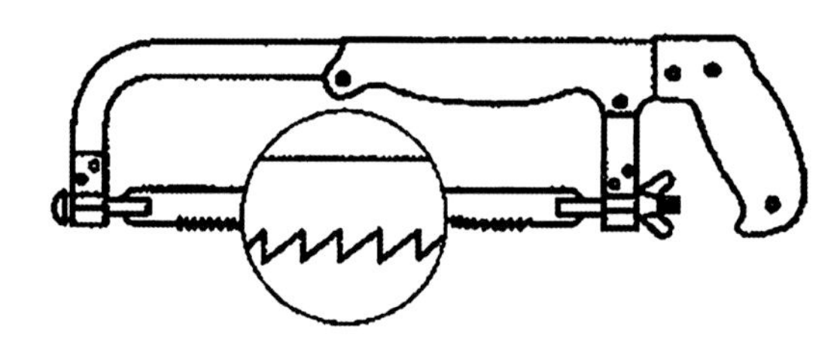

图 2-33 锯条的正确安装

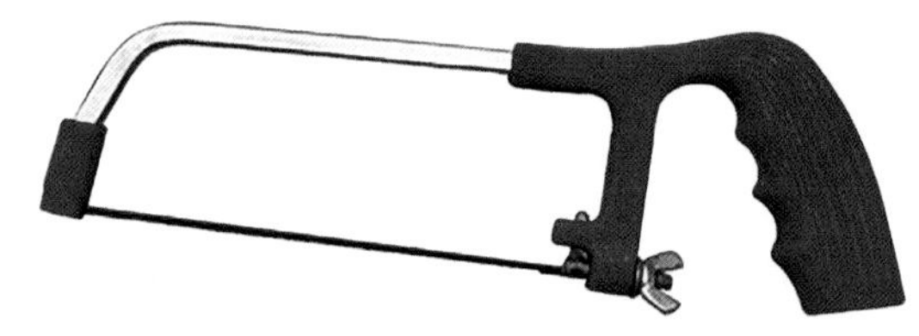

图 2-34 钢丝锯

③木框锯

木材锯削的主要工具之一是木框锯（图 2-35）。木框锯的握手柄和锯梁是用不易变形的硬质木料制成。锯条的两端用两个可以转动的扭柱拉牢，利用绞板和张紧绳的作用，将锯条拉直张紧。木螺丝的作用是保护木框锯的张紧绳，以免木框锯放在地上时绳子与地面摩擦。木框锯又可以分为阔锯、窄锯、小锯三种，从大体上来说它们的结构是相同的，区别之处在于锯齿的齿距及锯条的宽窄、长短不同而已。

当不用锯子时，最好将张紧绳放松，以防止绳子崩断，从而可延长木框锯的使用寿命。

④板锯

锯片薄而宽的板锯（图 2-36），是专门用来直接锯削比较宽且木框锯不能锯的木料。它的特点是不仅使用方便，而且锯削出来的木板形状很直。

⑤圆规锯

圆规锯，又可以称为鸡尾锯（图 2-37），主要用于木材的切割。与板锯有着相同的结构，锯条由宽渐窄，适用于在板材上开内孔和大曲线弧的锯削。

使用圆规锯时，先在工件上钻出一个圆孔，将圆规锯伸入孔内，锯削时，要注意锯条与所锯的工件轮廓线相适应，若遇到无法绕过时，应立即停止前进。用锯条在原处上下锯几次，开出一条较宽的锯路，这样才能顺利地按照轮廓线继续锯削，切忌硬扭，防止损坏锯条或工件。

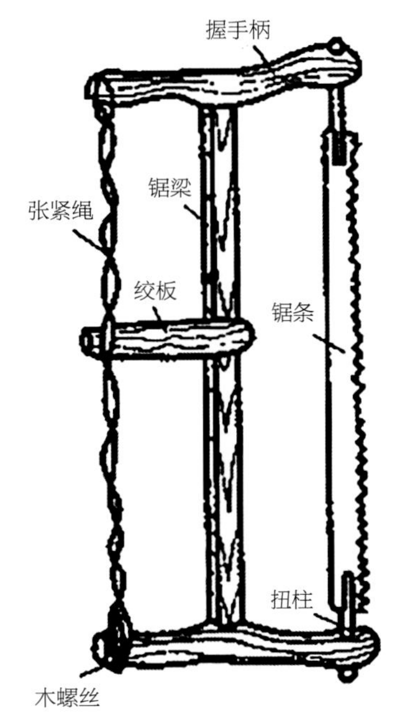

图 2-35 木框锯的构造

图 2-36 板锯

图 2-37 圆规锯

（2）锯削的工艺

①起锯

起锯是锯削工作的开始，起锯质量的好坏对锯削质量有着直接的影响。起锯可以分为远起锯和近起锯两种。通常采用远起锯的方式，因为此时锯齿是逐渐切入材料的，锯齿不易被卡住，起锯比较方便。如果用近起锯，掌握不好时，锯齿会由于突然切入较深，容易被工件棱边卡住甚至崩断。无论用哪一种起锯法，起锯角 a 最好小于 15°。若起锯角太大，则起锯不易平稳；但起锯角也不宜太小，否则，由于锯条与工件同时接触的齿数较多，反而不易切入材料，使起锯次数增多，锯缝就容易发生偏离，造成表面被锯出多道锯痕而影响锯削质量。如果想要起锯平稳和准确，在操作时可用左手拇指挡住锯条，使锯条保持在正确的位置上起锯（图 2-38）。起锯时施加的压力要小，往复行程要短，速度要慢些。

②锯削时锯弓的运动

锯削时，锯弓前进的运动方式可以分为两种：一种是直线运动，向前推动锯弓时两手均匀用力；另一种是弧线运动，在前进时右手下压而左手上提，操作自然，可减轻疲劳。适用前一种运动方式一般是锯缝底面要求平直的槽和薄壁工件，而采用后一种运动方式大多数都是需要锯断材料。两种方式在回程中都不应对钢锯施以压力，否则会加快锯齿的磨损。锯削时，用力要平稳，这样既能提高锯削的质量，还能防止锯条被折断。

③锯削速度

锯削速度以每分钟 20~40 次为宜。锯软材料可以快些，锯硬材料应该慢些。如果速度过快会导致锯条发热严重，则容易造成磨损。必要时可以加水、乳化液或机油进行冷却润滑，以减轻锯条的发热磨损；如果速度过慢，则工作效率太低，不易把材料锯掉。

锯削时要尽量使锯条的全长都利用到，如果只集中于局部长度使用，锯条的使用寿命将会大大缩短。所以，一般锯削的行程应不小于锯条全长的 2/3。

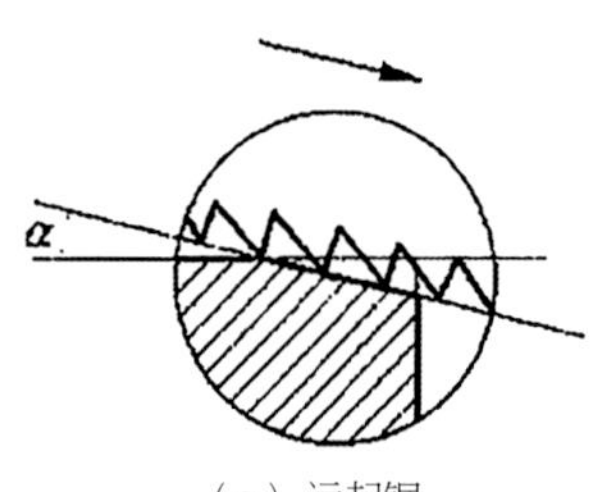

（a）远起锯

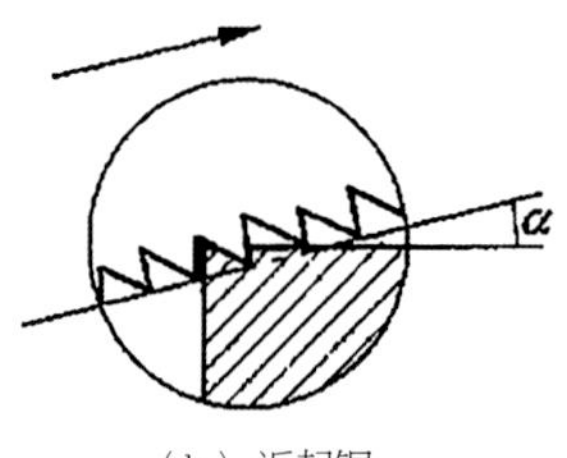

（b）近起锯

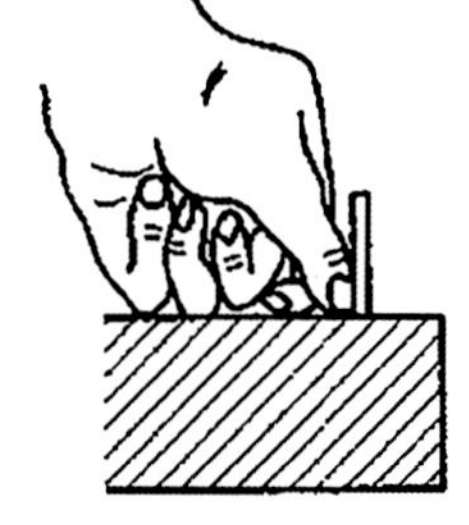
（c）用拇指辅助定位

图 2-38 起锯方法

表 2-1 各种材料的锯削方法

材料	示意图	锯削方法
棒料		棒料的锯削断面如果要求比较平整，应从起锯开始连续锯到结束。若锯出的断面要求较高，可改变几次锯削的方向，使棒料转过一个角度再锯，这样，由于锯削面变小而容易锯断，可提高工作效率。
管材		锯削管材时，首先要把管材正确地装夹好。对于薄壁管和加工过的管件，应夹在有 V 形或菱形槽的木块之间（如左上图），以防夹扁和夹坏表面。锯削时必须选用细齿锯条，一定不要在一个方向直接锯完，因为锯齿容易被管壁钩住而崩断。正确的方法是锯到管材内壁时，把管材转过一个角度，再锯到管材的内壁处，再转过一个角度，依次类推，直至锯断为止，改变薄壁管方向时，应使已锯的部分向锯条推进方向转动，否则锯齿仍有可能被管壁钩住。
薄板料		锯薄板料除选用细齿锯条外，还应该把薄板夹在两木块之间，连木块一起锯下，可避免锯齿被钩住，同时也增加了板料的刚度，锯削时不会弹动；或者，把薄板料夹在台虎钳上，用锯作横向斜推锯，使锯齿与薄板接触齿数增加，避免锯齿崩裂。

3. 锉削工具及工艺

锉削是指在模型工件表面用锉刀进行处理，使其达到所要求的尺寸、形状和表面粗糙度的加工方法。常见的锉削工具有钢锉、整形锉、木锉、锉片等。

（1）锉削工具的分类

①钢锉

钢锉用高碳工具钢制成，并经淬火处理。常用锉刀长度有 100mm、150mm、200mm、250mm、300mm 等。锉刀形状有扁锉、方形锉、平板形锉、三角形锉、圆形锉、半圆形锉、菱形锉、椭圆形锉等。（图 2-39）

图 2-39 钢锉

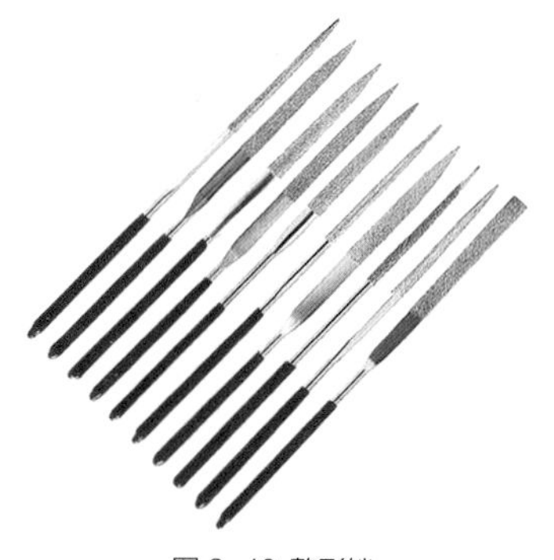

图 2-40 整形锉

图 2-41 木锉

图 2-42 锉片

锉齿形式有单齿纹和双齿纹两种。按齿纹粗细程度分为粗齿、中齿、细齿三种。

②整形锉

相对钢锉来说整形锉体积较小、种类多样，所以又称为什锦锉（图 2-40），以 6~20 支形状不同的细齿锉组成一套（组），锉身的长度在 76.2mm~177.8mm 之间，用来修整金属或塑料工件的细小部位。

③木锉

锉削木材的工具是木锉，木锉主要对木制模型进行加工（图 2-41）。锉身从手柄处至锉尖由宽渐窄，锉身横断面为弧形，锯齿尖锐锋利，适用于局部加工木质模型工件。

④锉片

锉片（图 2-42）多见于自行车修理摊点。为了增加粘结牢度，因此补内胎时会用锉片锉毛漏洞周围的胎面。模型制作中它主要用于对泡沫塑料制模型的加工。用薄铁片扎孔制成的锉片，在一般五金工具商店可以购买。将锉片边缘钉在平整的矩形木棒上即可使用。木棒端头也可以做成弧形使锉片呈弧状，以便锉削凹下的弧形。不能钉钉子在锉片面上，以免划伤模型表面。

（2）锉削的工艺

①工件的装夹

锉削质量取决于工件装夹得正确与否，所以，装夹工件要符合下列要求：

A. 工件尽量夹在台虎钳钳口宽度的中间。

B. 装夹要稳固，但不能使工件变形。

C. 待锉削面离钳口不要太远，以免锉削时工件产生振动。

D. 工件形状不规则时，要加适宜的衬垫后夹紧。例如要衬以 V 形铁或弧形木块来夹圆柱形工件。

E. 装夹精加工面时，台虎钳口应衬以软钳口（铜或其他较软材料），以防表面夹坏。

②平面的锉法

A. 顺向锉法

最普通的锉削方法是顺向锉法（图 2-43）。这种方法可用于不大的平面和最后锉光，可得到正直的刀痕。

B. 交叉锉法

交叉锉法（图 2-44）锉刀与工件的接触面较大，锉刀容易掌握平稳。同时锉削面的高低情况从刀痕上可以判断出，所以容易把平面锉平。为了使刀痕变为正直，当平面将锉削完成前应改用顺向锉法。

不管采用顺向锉法还是交叉锉法，为了能均匀地锉到整个平面，一般每次抽回锉刀时应再向旁边略作移动。

C. 推锉法

推锉法（图 2-45）是用两手对称地横握锉刀，用大拇指推锉刀顺着工件长度方向进行锉削。这种方法的不足之处是工作效率低，只适合于应用在锉削狭长平面和修整尺寸的时候。平面锉削时，要经常检查其平面度。一般可用钢直尺或刀口钢直尺通过透光法来检查，以纵向、横向、两对角线方向，从间隙处透光的明暗、强弱程度来判定高低不平的程度。

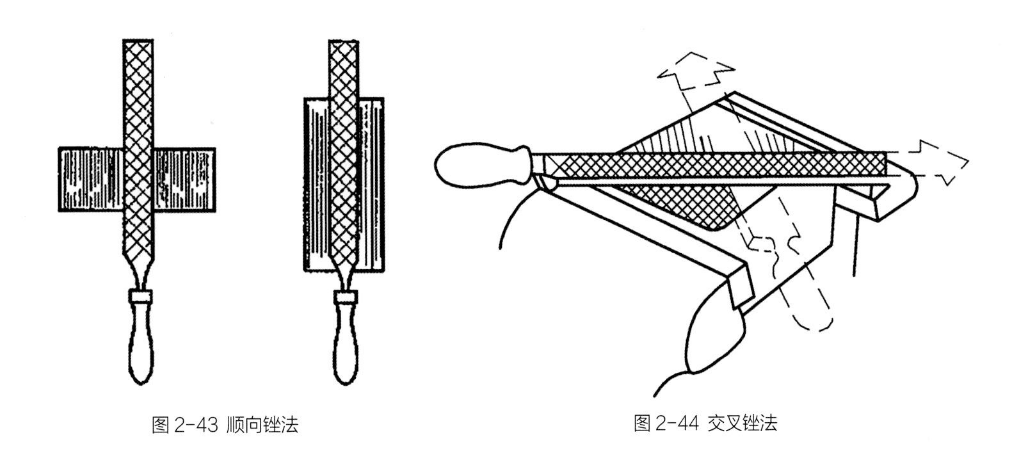

图 2-43 顺向锉法　　图 2-44 交叉锉法

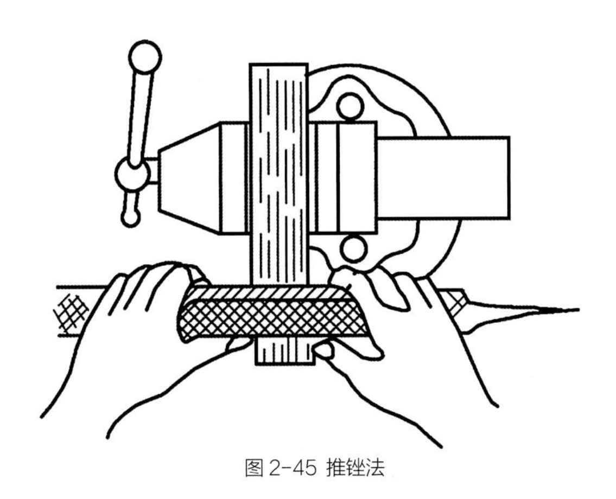

图 2-45 推锉法

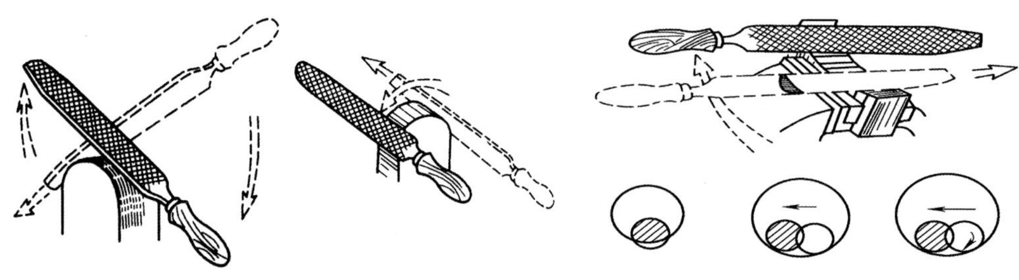

图 2-46 外圆弧面的锉削

图 2-47 内圆弧面的锉削

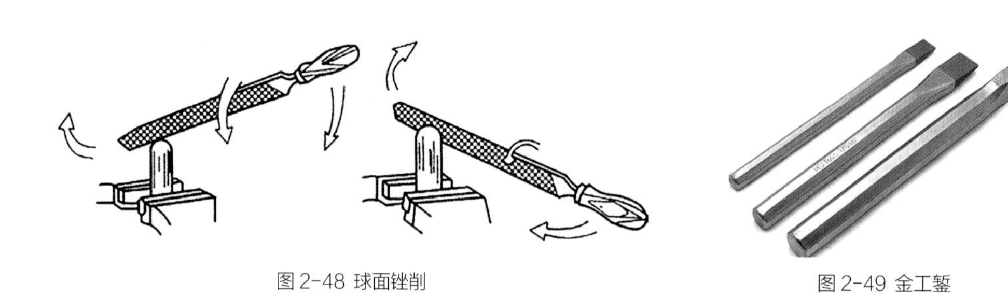

图 2-48 球面锉削

图 2-49 金工錾

③曲面的锉法

A. 外圆弧面的锉削。当余量不大时，一般采用锉刀顺着外圆弧锉削的方法。在锉刀做前进运动的同时，还应绕工件圆弧的中心做摆动，在做外圆弧面的精加工时可以使用这种方法。当加工余量较大时，可以尝试横着圆弧锉削的方法，按圆弧要求先锉成多棱形后，再用顺着圆弧的方法精锉成圆弧。（图 2-46）

B. 内圆弧面的锉削。这种方法一般使用圆锉或半圆锉。锉削时，锉刀要同时完成三个运动：前进运动；向左向右移动，移动量约为半个到一个锉刀直径（对于半圆锉则为半个到一个锉刀宽度）；绕锉刀中心线转动。值得注意的是只有当这三个运动同时进行，才能锉好内圆弧面。（图 2-47）

C. 球面锉削。锉球面时，锉刀在做外圆弧锉削运动的同时，还应绕球面中心线做摆动。（图 2-48）

4. 錾（凿）削工具及工艺

錾削是指对金属工件用锤子打击錾子进行切削加工的方法，又称凿削。工作范围主要是把毛坯上的凸缘、毛刺、分割材料、錾削平面等去除，大多数用于不便于机械加工的场合。

在进行錾削加工时要集中注意力并用力适度，防止误伤身体。金工錾、木工凿、木刻雕刀、刨刀、手锤、斧头等是常见的錾削工具。

（1）錾（凿）削工具的分类

①金工錾

金工錾是一种钳工用来錾削的工具，用碳素工具钢锻制而成（图 2-49）。其组成部分分别是錾顶、錾柄、斜面、刃口，一般长度为 170mm。扁錾、半圆錾、三角錾等最常见。

錾子的握法分正握法、反握法和立握法三种。

正握法：手心向下，腕部伸直，用中指、无名指握住錾子，小指自然合拢，食指和大拇指做自然伸直地松靠，錾子头部伸出约 20mm。大多数用于正面錾削、大面积强力錾削等场合。

反握法：手心向上，手指自然捏住錾子，手掌悬空。大多数用于侧面錾切、剔毛刺及使用较短小的錾子时的场合。

立握法：手心正对胸前，拇指和其他四指骨节自然捏住錾子。用于在铁砧上錾断材料的场合。

②木工凿

木工用来凿削的一种工具是木工凿（图 2-50），由凿柄、凿箍、凿裤、刃口四部分组成，用低碳钢锻制而成，刃口须熔镶高碳钢。平凿、圆凿、宽刃凿（扁铲）等比较常见。

③木刻雕刀

木刻雕刀是一种美工工具（图 2-51），所用材料和制作方法与木工凿相似，但规格要小于木工凿。木工雕刀形状多样，用途较广，手柄端部呈圆形，无铁箍，适用于木质模型的雕刻加工。

④刨刃

刨刃，就是木刨的刀刃（图 2-52），是一种比较好用的凿削石膏的工具，刨刃的刃口要宽于木工凿的刃口，加工速度更快，线更整齐，而且，刨刃刃口的厚度与斜角都比木工凿的厚度与斜角小，凿削时会更容易抓握，难以偏离。

⑤手锤

手锤，又可以称榔头（图 2-53），由锤头、木柄和楔子（斜楔铁）三部分组成。锤头用碳素工具钢 T7 制成，并经热处理淬硬。一般来说，常用手锤的木柄长为 350mm 左右，木柄是用硬而不脆、比较坚韧的木材制成，例如檀木等。手握处的断面应为椭圆形，使锤头定向方便，更能准确敲击。木柄安装在锤头中，一定要稳固可靠，安装木柄的孔做成椭圆形，且两端大，中间小。楔子木柄敲紧装入锤孔后，再在端部打入带倒刺的铁楔子，如果想要不易松动可以用楔子楔紧，这样可避免锤头脱落造成事故。

图 2-50 木工凿

图 2-51 木工雕刀

图 2-52 刨刃

图 2-53 手锤

图 2-54 斧头

手锤的种类较多，一般有硬头手锤和软头手锤两种之分。硬头手锤用碳素工具钢 T7 制成。软头手锤的锤头是用铅、铜、硬木、牛皮或橡皮制成的，常用于装配和矫正工作。手锤的规格以锤头的重量来表示，有 0.25kg、0.5kg 和 lkg 等。

⑥斧头

斧头（图 2-54）主要用来劈削木料，使其粗略地符合所要求的形状，或者修削不整齐的木材表面，也可以当作榔头来敲击凿头。一般的斧头都是锻造而成，刃口处熔镶钢材，在磨削时，靠近刃口里面的一段需平直，外面的斜面要多磨掉一些。

用斧头劈削木料时，右手握斧，左手将木料扶直，除了需要按预先划好的线砍削外，还应顺着木材的纹理进行，同时为了分段砍削，每隔 l00mm 左右应当截砍几处缺口，避免造成开裂。

（2）錾（凿）削的工艺

①錾削平面：用扁铲每次錾削材料厚度为 0.5mm~2mm，起錾时可在工件的中部或侧面的尖角进行。尖角处起錾，因尖角与切削刃接触面小，阻力小，易切入，能较好地控制加工余量，而不容易产生滑移及弹跳。起錾后要把切削角调整到能顺利地錾掉厚度均匀的材料，再把錾子逐渐移向中间，使切削刃全宽都能用于切削，每次錾削快到尽头约 10mm 时，应调头錾削，不然尽头的材料易崩裂（尤其是铸铁、青铜等脆性材料）。

②錾削大平面：先用窄铲开錾，在工件上錾出若干条平行槽。然后用扁铲将剩余部分錾平，通过这种方法能够避免錾子的切削部分两侧被工件卡住。

③錾削板材和圆棒：在虎钳上和铁砧上錾断板材和圆棒，在虎钳上夹工件时的錾削线要与钳口平齐再进行切断。为使錾切板材省力，扁錾刃与钳口约成 45° 角自右向左錾切。斜向錾切时，扁铲部分刃口与被錾削材料接触，阻力小，易分割。錾切平面时錾子要在铁砧上垂直于工件，并且需要在工件下面垫上软铁材料，从而可以保护錾子的切削刃。

④錾削键槽：先划好加工线，再在一端或两端钻孔径等于槽宽的孔，然后将尖錾磨成适合的尺寸錾削，每次錾削力要小，用力要轻。

⑤錾削油槽：选用与油槽等宽的油槽錾錾削，如在曲面上錾削油槽，錾子的倾斜角度要跟着曲面产生对应的变化，以此来保持錾削时的后角不变。通过这个方法来保证油槽尺寸、深浅和表面粗糙度的要求，錾削完后，要用砂布或刮刀除去槽边毛刺使槽表面光滑。

5. 刨削工具及工艺

木加工中最常使用的工具是刨子，它可以将木料的表面刨成各种需要的形状。木料经过刨削后，表面平整光滑，具有一定的精细度。刨子的种类可以分为平底刨、圆底刨、轴刨、平槽刨、边刨、球形小刨等多种。

图 2-55 平底刨

（1）刨削工具的分类

①平底刨

应用最广的一种刨子是平底刨（图 2-55），专门用来刨平木材的平面，组成部分分别是刨身、楔木、手柄、刨刃、刨刃盖等。平底刨有粗平刨、细平刨和短刨之分。粗平刨是用来首次粗略地刨削木料的，经过粗略刨削后的毛坯，再用细平刨来平整。短刨则专门用来修光刨削面积较大或凸凹不平的工作物。

使用平底刨刨削时，用两手的中指、无名指紧握手柄，食指紧抓住刨的前身，大拇指推住刨身的手柄，用力向前推进。这时操作者的两脚一定要立稳，上身略向前倾，要坚持刨身的平稳，尤其是当刨到木料的前端时，刨身不能翘起或卧下，退回时要将刨身后半部提起，防止刨刀的刃口在工件上磨损。

刨平面时，选用木材平直和不翘曲的一面，用粗平刨和细平刨刨平，用直尺校验合格后，即作为基准面。刨直角面时，按照已经刨好的基准面，用角尺检验，将高出的地方刨平。刨端面时，先要在端面的边缘处倒角，用粗平刨刨到基本平直，然后用细平刨从两头朝中间刨，通过这种方法以防止木材被劈裂。

②圆底刨

专门用来刨削内圆形的工件的圆底刨（图 2-56），它的构造基本上与平底刨相同，只是刨底和刨刃为半圆形，手柄用椭圆形的小硬木棒横穿刨身，可以活动装卸。

圆底刨的操作也和平底刨差不多，只是在刨削较小的圆弧时，要抽出手柄，目的是防止与工件相干涉。

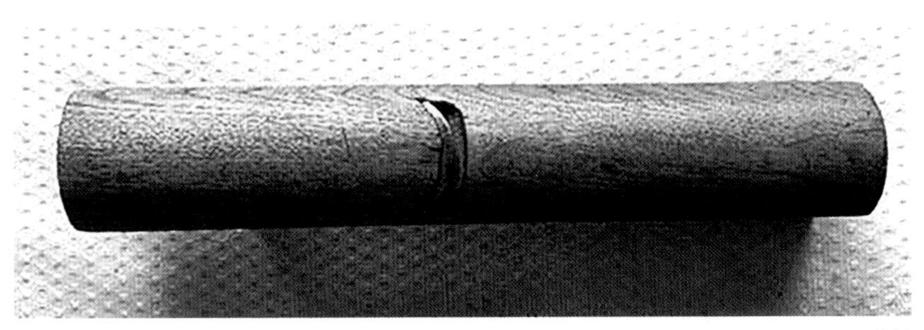

图 2-56 圆底刨

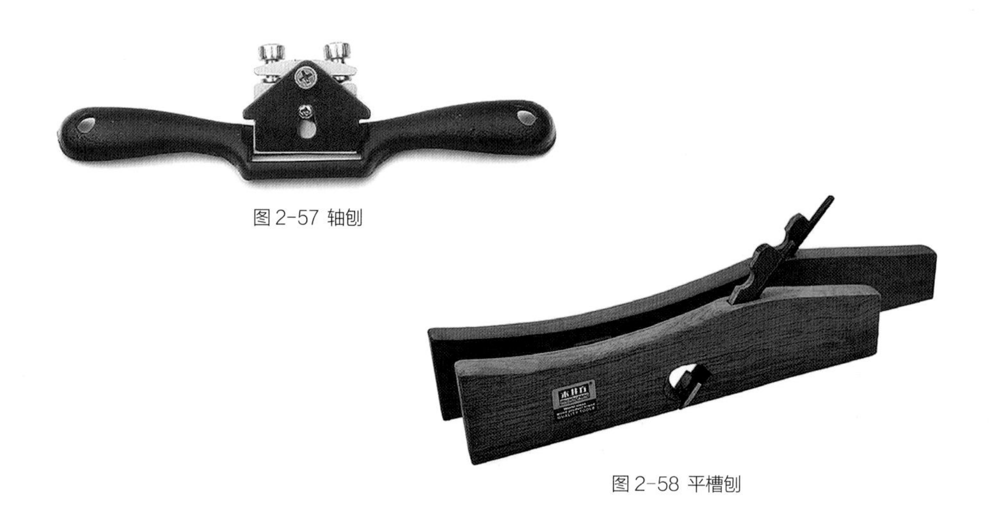

图 2-57 轴刨

图 2-58 平槽刨

③轴刨

轴刨，又可以称绕刨、一字刨、滚刨（图 2-57），它是专门用来刨削曲面的工件，其特点是轻巧、使用方便。轴刨的刨身短小，手柄左右摆开成“一”字形，一般是由金属或硬木制成。

A. 平轴刨：专门用来刨削工件的外圆弧。

B. 圆轴包刨：专门用来刨削工件的内圆弧。

C. 双重轴刨：刨底上带有两个圆面，可同时刨出工件上的两个圆弧。

④平槽刨

平槽刨专门刨削工件上的沟槽（图 2-58），它的构造与平底刨很相似，只是刨身较狭窄，刨刃是从下部向上伸入的，并且没有手柄。还有内圆槽刨和外圆槽刨，这两种与平槽刨很相似，刨底是它们主要的区别。平槽刨的刨底是平的，内圆槽刨的刨底是凸圆的，而外圆槽的刨底是凹圆的。

⑤边刨

边刨是专门刨削工件上的切口及一定大小不穿通的沟槽（图 2-59）。平槽刨要比它短，边刨的刨刃从下部向上伸入，底部装有一架活动的木档子，用来控制刨削的宽度。

图 2-59 边刨

⑥球形小刨

球形小刨是专门刨削工件底部呈球形或椭圆形的凹面（图 2-60），例如反口圆凿铲削后，用锉刀无法加工，此时就可以用这种小刨来修饰表面，从而使其达到光滑的要求。用硬木制成的球形小刨的刨身很小，刨底成圆球形，其圆弧大小应与工件的要求大致相吻合，方便随时选用。

⑦马牙子

刨削时可用马牙子作为辅助工具，将其钉在工作台上用来抵挡木料，能够阻止木料滑动。

⑧磨石

作为刨削时的辅助工具，磨石用于磨砺刨刃（图 2-61），比起建筑用的砖头它细致而无砂粒等杂质。选择时以软硬适中为宜，过软的虽然磨的速度很快，但是磨得的刃口锋利性不强；过硬的磨的速度较慢，然而锋利性强。磨石同样也需要经常校验，力求保持砖面平直，每次使用完后再放在背阴处，切忌暴晒或乱丢，以免折断或损坏。

磨刨刀时，右手紧握刨刀，左手的食指和中指紧压刨刀，使刃口贴紧磨石。磨时应确保刃口与磨石完全贴合，然后平稳地来回推磨，同时需要经常加水，以此来冲击刀砖上的泥浆；还应注意要经常移动位置，不要集中在磨石的一处磨，从而保持磨石平整；除此之外，刃口应该保持原来的斜度与几何形状，不可将平的刃口磨歪斜或将尖角磨成圆角。

（2）刨削的工艺

①刨平面

粗刨时，采用普通平面刨刀；精刨时，采用较窄的精刨刀，刀尖圆弧半径为 3mm~5mm，刨削深度一般为 0.2mm~2mm，进给量为 0.33mm~0.66mm 往复行程，切削速度为 17m/min~50m/min。粗刨时的刨削深度和进给量可取大值，切削速度宜要取低值；精刨时的刨削深度和进给量可取小值，切削速度可适当取偏高值。

②刨垂直面和斜面

刨垂直面通常采用偏刀刨削，是利用手工操作摇动刀架手柄，使刀具做垂直进给运动来加工垂直平面的。刨斜面的方法基本相同于刨垂直面的方法，应当将刀架按所需斜度扳转一定的角度，使刀架手柄转动时，刀具沿斜向进给。刨斜面时要特别注意调整刀座的偏转方向和角度（刨左侧面，向左偏；刨右侧面，向右偏），防止发生重大操作事故。

③刨 T 形槽

刨 T 形槽之前，应在工件的端面和顶面划出加工位置线，按线进行刨削加工。以免发生意外，刨削 T 形槽时通常都要将抬刀板刀座与刀架用螺栓固连起来，使抬刀板在刀具回程时绝对不会抬起来，从而防止拉断切刀刀头和损坏工件。

图 2-60 球形小刨

图 2-61 磨石

6. 油泥刮削工具及工艺

（1）油泥刮削工具的分类

①刮刀

将油泥加工成型的工具就是刮刀，包括带齿平面刮刀、三角刮刀、蛋形刮刀、精细单刃刮刀等（图 2-62 至图 2-66）。刮刀的最大特点是操作简便，能够比较直接地对泥量进行把握和控制，缺点是没有钢片准确。刮刀的握法是右手握住刮刀的木把，左手食指和中指按住木把与钢丝交界处，右手负责前后推拉刮刀，左手负责掌握刮刀的刮泥量。齿挠的加工端是齿状，因此齿挠的加工趋势不会受到原油泥表面的起伏的影响，它能够让造型师自由自在地加工大大小小的外表型面。当模型上大的型面的表面都比较平顺，都保持与模板大体一致时，带齿刮刀的任务就完成了。与带齿刮刀对应的工具是平面刮刀，两者经常交替使用。经过带齿刮刀加工，在模型上得到的只能是大致希望得到的型面，是比较粗糙的，还需要用平面刮刀继续加工模型表面。较大的带齿刮刀面需要用钢片来刮制。注意使用带齿刮刀和平面刮刀时应从不同的方向进行刮削，否则容易形成波浪状的曲面。在小、复杂、难以使用平面刮刀的地方可以考虑用三角刮刀。在大的内部曲线时用圆形刮刀，在制作细致的凹面时使用蛋形刮刀刻划窄槽或完成内侧反 R 面，钢丝刮刀用于刮棱边、挖凹槽等细节制作。

直角油泥刮刀中有一种刀刃刃口呈锯齿形，主要用于油泥初敷后进行粗刮削加工时所使用的工具。使用时应在油泥模型表面以对角线方向进行刮削处理，可根据实际要求选择合适的规格使用。三角油泥刮刀系列是用于在直角油泥刮刀难以刮削时，也就是对狭窄、复杂的表平面进行刮削时所使用的工具，可以刮较小的面、勾线。蛋形刮刀一周的弧度都不等，可以刮出不同的弧度，特别适合刮凹面。在刮削圆形凸面或较窄的沟槽或内弧的修正时使用。精细单刃油泥刮刀是用于对初刮过的油泥模型表面进行精细精刮时所使用的工具，目的是使其表面更为精细、光滑，使用时需十分仔细、耐心地进行刮削，尽量薄薄地刮削油泥表面。

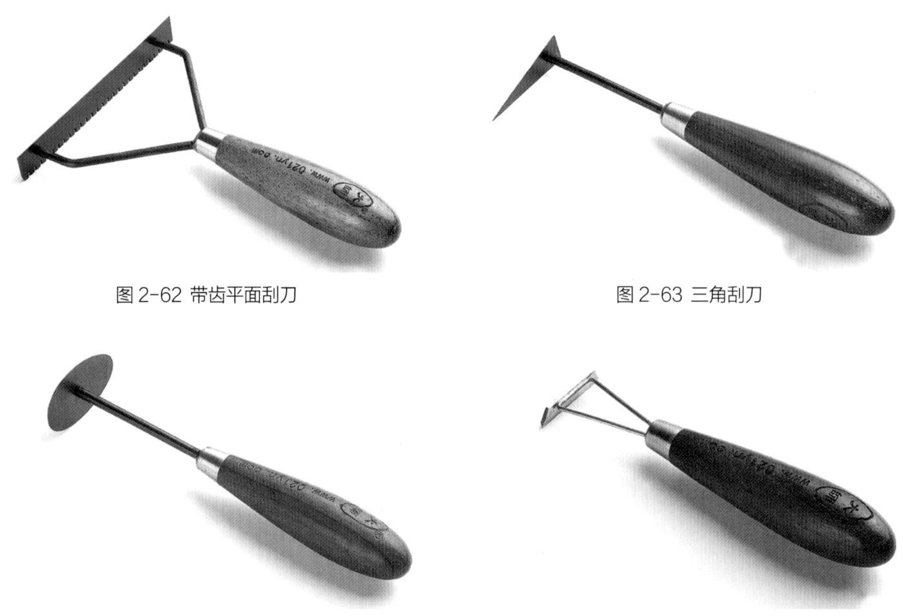

图 2-62 带齿平面刮刀

图 2-63 三角刮刀

图 2-64 蛋形刮刀

图 2-65 精细单刃刮刀

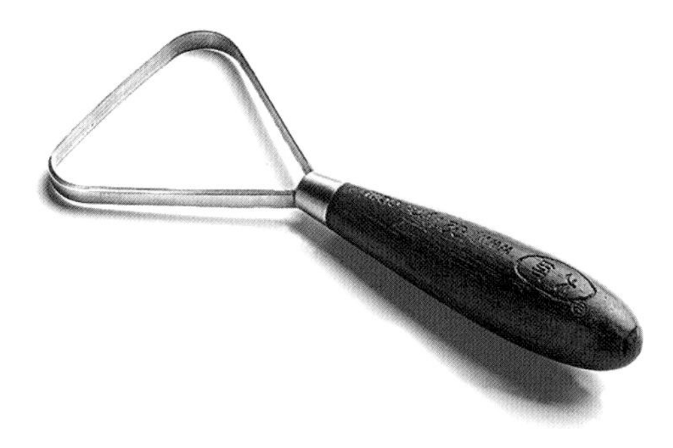

图2-66 平面刮刀

②钢制刮片

油泥模型制作过程中非常重要的刮制工具是钢制刮片（图2-67）。钢制刮片是用来光顺平挠刮过的表面，使模型表面变得光顺。有的钢制刮片另一端是带齿的刃口，它能够快速刮削粗糙表面。由于钢制刮片有不同的长度、形状及硬度，所以要按照油泥模型表面形状来选择。其中用来加工油泥模型上凹的表面需要不规则的钢制刮片。通常钢制刮片越厚越硬，弹性越小，其刮削油泥量越大，一般是用在最初刮削大面阶段。钢制刮片越薄越软，弹性越大，其刮削油泥量越小，往往用在比较精细的表面。钢制刮片的特点是操作要精细，对手感把握和力道控制都有很高的要求，然而它在成型和设计上更具感性。许多巧妙的曲面、转角、起伏可能都是产生于设计师在挥洒自如的刮面中，可以说刮削的技巧是油泥模型制作体现设计方法的重要手段。在钢制刮片刮制模型表面这道工序时，不容易把握手势和力道，钢制刮片应该尽量与成型面保持垂直，握紧钢制刮片并使手臂处于放松状态，操作者能够感受到钢制刮片在手中随着自己的想法和构思进行创作，在使用刮片时，要高度集中注意力，感受从型面传来的反作用力，去塑造自己头脑中想要的型面，很重要的一点就是要做到因势利导，感受到自己能够驾驭油泥，而不是感觉遇到困难或者阻碍。需要注意的是使用钢制刮片时，应从不同的方向进行刮削，不然会容易形成波浪状的曲面。

图2-67 钢制刮片

③其他辅助工具

水平画线座：用于画水平线、定中心等（图 2-68）。

胶带：用于制图、贴基准线、做轮廓、贴标记点等，可进行曲线作业（图 2-69）。

其他工具：自制划片、雕刻刀等辅助刻画形态细节的工具（图 2-70）。

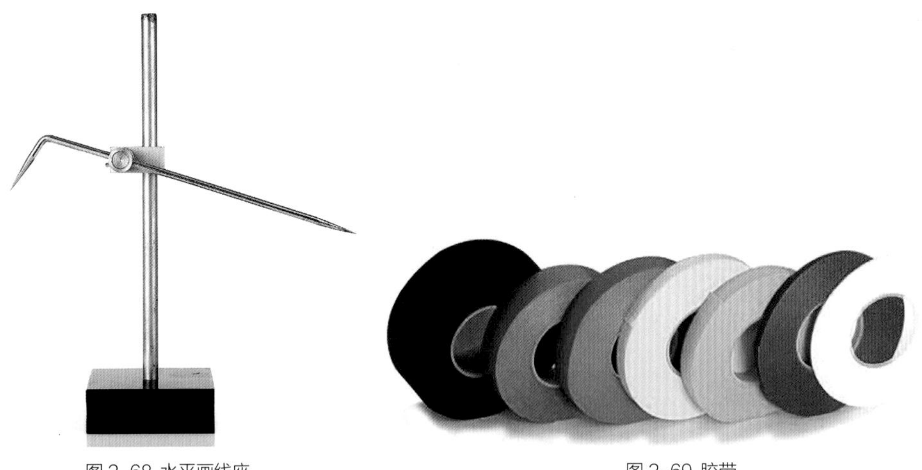

图 2-68 水平画线座

图 2-69 胶带

图 2-70 其他工具

○ 2.4.3 三维打印

当下，产品的生命周期越来越短，这得益于快速成型技术与工业设计的模型结合的进步技术给工业界带来的巨大的影响，可以在不用模具和工具的条件下生成大量复杂的模型。快速成型技术作为一种重要的手段，在新产品开发时可快速、直接、精确地将设计思想转化为具有一定功能的工业模型。这种手段的好处不仅缩短了开发周期，而且降低了开发费用，因此能够快速评价、修改设计的产品，大力提高了研发效率，降低了产品研发失败的风险，从而提高了企业竞争力。

到目前为止，国内外成功开发的成熟的快速成型方法已经有 10 多种。三维打印快速成型技术是近些年发展起来的一种新的制模技术，它涉及 CAD 技术、CAM 技术、数据处理技术、材料技术、CNC 技术、测试传感技术和计算机软件技术等，是各种高技术的综合应用。所以，它不要求有传统的加工机床和模具，其建立产品模型的时间和成本也只有传统加工方法的 20%~35%。出于快速成型技术的突出优势，三维打印近年来发展迅速，已成为产品设计模型制作中的一项关键技术。

1. 三维打印快速成型技术的基本原理

三维打印快速成型是相对于二维平面打印而提出的一个概念，它将复杂的三维加工分解成简单的二维加工组合，是一种基于微喷射原理的 Rp 技术。形源是以喷头做成，与打印机的喷头（打印头）相似，类似于喷绘机的喷绘过程的快速成型系统的单层成型加工过程，是基于位图数据的阵列扫描喷射过程。它的喷头不仅能做平面运动，工作台还能做 Z 方向的垂直运动，而且喷头喷出的材料是粘结剂，而不是墨水，所以可形成三维实体。

基于“添加式”的成型方法，是三维打印快速成型技术的基本原理，借助三维 CAD 软件或用实体反求方法，通过扫描仪采集得到有关原型或模型的几何形状和结构的组合信息，由此可以获得目标原型的概念，并通过这个方法建立数字化描述的 CAD 模型，随后运用图形修补软件进行一定的修补，将三维虚拟实体表面转换为用一系列三角面片逼近的表面，生成面片文件（如 .STL 文件等），接着按照不同的快速成型工艺处理文件，检验或修正层片文件，最后完成一个三维实体制件，此时通过三维打印快速成型机控制材料有规律地、精确地叠加起来（堆积），最终完成模型的快速成型制作。

2. 三维打印快速成型技术的特点

三维打印运用的是喷头喷射液滴逐层成型的方式，无须激光系统，是快速成型中最便捷的技术。

三维打印快速成型的优点：

（1）能作为一种直接与使用 CAD 的计算机相连的输出设备，并且由设计者亲自操作，使用方便，不需要依赖专门的快速成型服务机构或实验室，就可以及时制作模型及用于产品设计的快速成型。

（2）整个生产过程数字化，直接关联 CAD 模型，零件规格无限制，可大可小，所看见的就可以得到，因此可以随时修改，随时制造。

（3）设备体积小、运行和维护成本低。无毒无污染的成型过程，让它可以在普通的办公室内使用，因此对环境无特殊要求。因为没有昂贵复杂的激光系统，所以大大降低了整体造价。操作简单，所以十分容易普及这种机器。

（4）材料费用低，例如石膏、淀粉等。批量几乎不会对产品的单价有所影响，尤其适用于新产品的开发和单件小批量零件的生产。

（5）零件的复杂性及几何形状几乎不会对产品制造过程有所影响，在加工复杂曲面时更显优越，这是传统制模方法不能超越的。

（6）成型速度快，加工周期短，成本低，一般能降低 50% 的制造费用，节约 70% 以上的加工周期。

三维打印快速成型的不足之处：

（1）产品的强度较低，而且对产品的材料和厚度都有一定的要求，比如金属合金类或外壁太薄的产品无法生产。因为采用液滴直接粘接而成，其他快速成型方式要高于产品的强度，所以一般需要进行后期处理。

（2）有待提高产品的精度。因为材料是粉末，粉末材料特性会制约其表面精度。

三维打印快速成型技术，成功地应用到工业模型的制作工艺，是用信息化技术改造传统行业的一项关键实践。该技术可让工业产品的个性化、多样化需求得到满足，广泛应用在产品设计模型制作中。以三维打印为代表的低成本快速成型技术会使产品模型制作越来越容易，或许在未来的某个时刻制造一个模型，就像我们现在使用打印机一样方便，自己在家里就可以自己设计并制造鼠标、汽车模型等产品模型，这种技术会使我们的生活方式发生巨大的改变，使想象力得以实现，人们的创造力得到激发。

2.5 表面处理工艺

表面处理工艺是指采用诸如表面电镀、涂装、研磨、抛光、覆贴等能改变材料表面性质与状态的表面加工与装饰技术。从产品设计出发，表面处理的目的：一是保护产品，即保护材料本身赋予产品表面的光泽、色彩、肌理等而呈现出的外观美，并提高产品的耐用性，确保产品的安全性，由此有效地利用材料资源；二是根据产品造型设计的意图，改变产品表面状态，赋予表面丰富的色彩、光泽、肌理等，以提高表面装饰效果，改善表面的物理性能、化学性能及生物学性能，使产品表面有更好的感觉特性。

设计中采用的表面处理工艺一般可分为三类：表面精加工、表面层改质、表面被覆。

○ 2.5.1 表面精加工

表面精加工是指将材料加工成平滑、光亮、美观和具有凹凸肌理的表面状态。通常采用切削、研磨、蚀刻、喷砂、抛光等方法。其中抛光是指利用机械、化学或电化学的作用，使工件表面粗糙度降低，以获得光亮、平整表面的加工方法。

○ 2.5.2 表面层改质

表面层改质是指改变原材料的表面性质。其目的是让原材料更有耐蚀性、耐磨性和易着色。可以通过物质扩散在原材料表面渗入新的物质成分，改变原有材料表面的结构，如钢材的渗碳渗氮处理、铝的阳极氧化、玻璃的淬火等，也可以通过化学的或电化学的反应而形成氧化膜或无机盐覆盖膜改变材料表面的性能，来提高原有材料的耐蚀性、耐磨性及着色性等。

表面层改质的处理方法主要有涂层处理和阳极氧化处理。

○ 2.5.3 表面被覆

表面被覆是指一种在原有材料表面堆积新物质的技术，其目的是使原材料更有耐蚀性、色彩性或赋予原材料其他的表面功能。依据被覆材料和被覆方式的不同，表面被覆处理有镀层被覆、涂层被覆、搪瓷和景泰蓝等方式。

1. 镀层被覆

镀层被覆是指在制品表面形成具有金属特性的镀层，它是一种比较典型的表面被覆处理工艺。镀层被覆不仅可提高制品的耐蚀性和耐磨性，而且能调整制品表面的色彩感、平滑感、光泽感和肌理感，因此能保护和美化制品。由于有优异的镀层，常常提高了制品的品位和档次。

镀层被覆时的主要材料是金属，随着塑料盒镀层被覆处理技术的发展，塑料制品的镀层被覆正在得到日益广泛的应用。

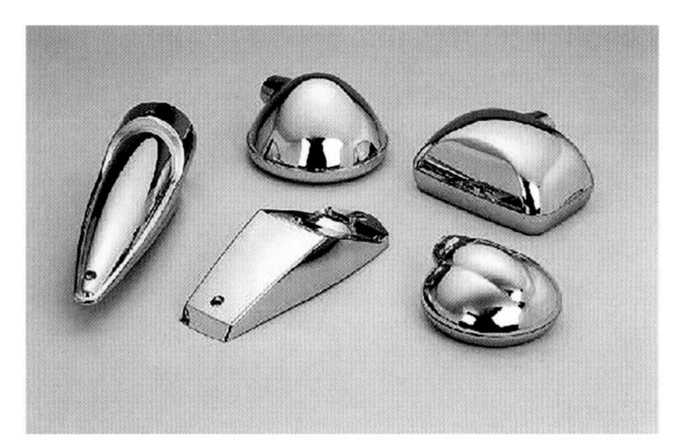

图 2-71 电镀的部件

图 2-72 喷涂作业

镀层被覆的方法有电镀、化学镀、熔射镀、真空蒸发沉淀镀、气相度等，还有特殊的刷镀法和摩擦镀银法。随着制品的多样化和镀层功能性的要求，还发展了合金镀、多层镀、复合镀及功能镀等方法。

电镀是将被镀金属制品作为阴极，外加直流电，使金属盐溶液的阳离子在工件表面沉积形成电镀层。电镀实质上是一种电解过程，其阴极上析出物质的重量与电流强度、时间成正比。进行电镀必要的三个条件是：电源、镀槽（镀液）及电极。

电镀可以为材料或零件覆盖一层比较均匀、具有良好结合力的镀层，以改变其表面特性和外观，达到材料保护或装饰的目的。电镀除了可使产品美观、耐用外，还可获得特殊的功能，可提高金属制品的耐蚀性、耐磨性、耐热性、反光性、导电性、润滑性、表面硬度及修复磨损零件尺寸、表面缺陷等（图 2-71）。

2. 涂层被覆

在制品表面形成以有机物为主体的涂层，它是一种简单而经济可行的表面处理方法，在工业上通常称为涂装。

喷涂（喷漆）是最常用的涂装方式，通过喷枪或碟式雾化器，借助于压力或离心力，分散成均匀而微细的雾滴，施涂于被涂物表面的涂装方法。可分为空气喷涂、无空气喷涂、静电喷涂以及上述基本喷涂形式的各种派生的方式，如大流量低压力雾化喷涂、热喷涂、自动喷涂、多组喷涂等。适用于手工作业及工业自动化生产，应用范围广，主要有五金、塑胶、家私、军工、船舶等领域，作业生产效率高。（图 2-72）

喷涂作业常见问题及解决方法：

①现象：起粒

原因：作业现场不洁，灰尘混入油漆中；油漆调配好后放太久，油漆与固化剂已产生共聚微粒；喷枪出油量太小，气压太大，令油漆雾化不良或喷枪离物面太近。

解决方法：清洁喷漆室，盖好油漆桶；油漆调配好，不宜放太久；调整喷枪，以使其处于最佳工作状态，确定枪口距离物面 20cm~50cm 为宜。

②现象：垂流

原因：稀释剂过量令油漆黏度太低，失去黏性；出油量太大，距物面太近或喷运行太慢；每次喷油量太多太厚或重喷间隔时间太短；物面不平，尤其流线体形状易垂流。

解决方法：控制出油量，确保喷漆离物面距离，提高喷枪运行速度；每次喷油不宜太厚，分两次最好掌握间隔喷漆时间；控制出油量，减少漆膜厚度；按使用说明配比。

③现象：橘皮

原因: 固化剂太多，令漆膜干燥太快反应剧烈; 喷涂气压太大，吹皱漆膜以致无法流平; 作业现场气温太高，令漆膜反应剧烈。

解决方法：按使用说明配比；调整气压，不可太大；注意现场温度，可添加慢干稀释剂抑制干燥速度。

④现象：泛白

原因：作业现场气温湿度大，漆膜反应剧烈，可能和空气中水分结合产生泛白现象；固化剂过量，一次喷涂太多太厚。

解决方法：注意现场湿度，可添加防白水，阻止泛白现象发生；按比例调制，一次喷涂不可太厚。

⑤现象：起泡

原因：压缩空气有水混到漆膜上，作业现场气温高，油漆干燥太快；物面含水率高，空气湿度大；一次喷涂太厚。

解决方法：油水分离，注意到排水；添加慢干稀释剂；物面处理干净，油漆加防白水；一次不宜太厚。

⑥现象：收缩

原因：涂装面漆前底漆或中间涂层未干透。

解决方法：按推荐的每道扫枪喷涂层的厚度喷涂。

⑦现象：起皱

原因：干燥时间太短或漆膜太厚；底漆或腻子中固化剂选用不当；底漆腻子化不完全；喷涂面漆时一道枪走得太厚，内部深剂未及时挥发，外干内不干。

解决方法：每道涂层之间要给予足够的干燥时间；干透之后再喷第二道。

3. 搪瓷和景泰蓝

搪瓷指用玻璃质材料在金属表面进行被覆所形成的一种被覆层，它是通过将混入颜料的玻璃质釉药施涂于金属表面，然后在 800℃左右进行短时间烧制而成的。

在金属表面进行瓷釉涂搪可以防止金属生锈，使金属在受热时不至于在表面形成氧化层并且能抵抗各种液体的侵蚀。搪瓷制品不仅安全无毒，易于洗涤洁净，可以广泛地用作日常生活中使用的饮食器具和洗涤用具，而且在特定的条件下，瓷釉涂搪在金属坯体上表现出的硬度高、耐高温、耐磨以及绝缘作用等优良性能，使搪瓷制品有了更加广泛的用途。瓷釉层还可以赋予制品以美丽的外表，装点人们的生活。可见搪瓷制品兼备了金属的强度和瓷釉华丽的外表以及耐化学侵蚀的性能。（图 2-73）。

图 2-73 搪瓷产品

第 3 章

产品模型制作技法

3.1 石膏模型制作

○ 3.1.1 石膏浆的配制

石膏浆液的配制是石膏模型制作活动中最为关键的一步，若配制的方法不恰当，配制时的操作顺序有所失误，或是配制时所调的比例不恰当，都可能将致使石膏模型制作之前的工作都前功尽弃。所以，一定要严格根据正确的操作方法和操作步骤来进行，从而确保制作的顺利进行，以免发生失误。

1. 石膏粉与水的配比关系

石膏粉和适量的水是石膏模型的最基本的组成物质。水在石膏模型中有着非常重要的地位，在石膏粉质量一定的条件下，制作时的水量决定了石膏模型的气孔率与机械强度。石膏的含水量越少，则制作出来的模型的密度就会越大，机械强度也就越高，同时气孔率越低。反之，制作出来的模型就会强度低、松软。我们在制作过程中摸索到石膏粉与水的配制比例，通常比例为 1.2 ： 1~1.4 ： 1；注浆用的石膏粉与水的比例为 1.3 ： 1；压坯用的石膏粉与水的比例为 1.5 ： 1；石膏母模的石膏粉与水的比例为 2.8 ： 1。

在制作模型的过程中，在凝固时间方面，石膏也会因为部分因素的不同而不同。在这个过程中石膏的凝固时间与水的比例是有关系的，水量少的情况下，石膏凝固的时间就会短，反过来说，如果石膏凝固时间较长；那就是与水的温度有关，水的温度越高，石膏凝固就会越快，反之就会凝固慢；同时与搅拌也会有关系，搅拌的时间越久，过程越激烈，石膏凝固也会越快，反之就会越慢；还有就是与添加剂有关系，加入盐会使凝固速度加快，加入胶液可以使凝固速度变慢。因此，如果想要在石膏浆的调制过程中进行有效的控制石膏的强度和凝固速度，我们就可以按照这些方法来进行。

2. 配制的方法和步骤

（1）需要准备容器一个，搅拌棒一根（最好是塑料材质）。

（2）按照所要制作模型的大小，加入一定量的清水到容器中；水量要稍大于模型的体积。

（3）将适当分量的熟石膏粉撒到水里，要分多次均匀撒入（注意一次不能撒太多，否则容易结块和出现部分凝固现象，导致难于搅拌均匀），让石膏粉自己沉淀到液体中，一直到撒入的石膏粉比水面略高，这时就停止撒石膏粉。需要注意的是，绝对不可采取把水浇到石膏粉上这个做法。

（4）让石膏粉在水中浸泡 1~2min，等到石膏粉把水分吸足之后，用搅拌棒，按同一方向进行轻轻地搅拌，搅拌时应当要做到缓慢均匀，因为这样才能减少空气的溢入，避免在石膏浆中形成气泡。用胶锤轻敲容器壁，使石膏浆中的空气浮起，以排除石膏浆中的气泡。连续搅拌直到石膏浆中完全没有块状，同时在搅动的过程中感到有一定的阻力，当石膏浆液外观像浓稠的乳脂，有了一定的稀稠度之后，这个时候石膏浆液即处于最佳浇注状态。

（5）缓慢地浇注出模型，值得注意的是速度不能太快，以免模型中产生气泡。

○ 3.1.2 石膏模型的构造要点

1. 选用优质石膏粉

目前市场上的石膏粉种类繁多，质量参差不齐，价格高低不一，有每吨 400 元、500 元的，有每吨 1000 元的，还有每吨 4000 元、5000 元的。应了解采购石膏粉的用途，是注浆成型用还是滚压成型用，是母模用还是成型模型用，是普通注浆用还是机械化压力注浆成型用，是小件模型用还是大件模型用等。只有这样，才能选择出适宜的石膏粉。当我们在选购石膏时，如果把石膏粉与水混合调成浆后，初凝固不早于 4min，终凝固不早于 6min，不迟于 20min，则这种石膏可以选购；如果长于这一时间凝固的石膏一般不能选购，甚至有些石膏一周都无法凝固。如果选择不当，在制作模型的时候，不仅会影响到模型的制作工期，而且设计的整体效果也会受到影响。

2. 采用适宜的水温

水的温度对石膏的凝结时间和模型的强度也有较大的影响。随着水温的升高，搅拌时间缩短，凝结时间加快，模型的强度明显下降。可见，采用较低的水温制模能提高模型的强度。采用低温水，将水温控制在 8℃ ~10℃，可以降低半水石膏在水中的溶解速率，延长石膏在水中的溶解和晶核形成时间，即延缓石膏与水的反应速度，从而可延长搅拌时间，使浆体中的气泡顺利逸出，石膏和水充分接触反应，形成均匀的微晶网络结构，提高模型的强度。

3. 适当延长搅拌时间

在石膏搅拌过程中，适当延长搅拌时间，可有利于石膏粉与水的充分接触和反应，有利于石膏浆体中气泡的排出，有利于提高模型的强度。但搅拌时间也不是无限地延长，尤其是当石膏浆体接近稠化时仍在搅拌，会破坏石膏晶核的正常生长和网络结构的形成，会降低模型的强度。正常合理的搅拌时间应在 2min~4min。

4. 掌握合理的搅拌速度

当搅拌速度过慢时，石膏和水不能很好地结合与反应，不能提高强度；当搅拌过快时，也会降低模型的强度。一方面原因是当搅拌速度过快时，破坏了石膏晶核的正常生长和网络结构的形成，导致石膏晶体结构松散，强度下降；另一方面原因是当搅拌速度过快时，会给模型带入大量气泡，从而降低其强度。搅拌速度以 300 r/min~400 r/min 为宜。

5. 使用外加剂

外加剂的种类繁多，既有有机的又有无机的。常用的外加剂有焦磷酸钠、腐植酸钠、硼砂、AST 剂、桃胶等。这些外加剂除了使石膏的结构连生有一定的增强外，还具有缓凝作用，这为延长搅拌时间、采用真空搅拌工艺、提高膏水比例创造了条件，从而也提高了模型的强度。

6. 确保模型有效干燥

干燥是模型生产和成型使用的一个很重要的环节。模型是否干燥对其强度和使用寿命有很大的影响。模型经干燥可明显提高其强度，为了确保模型的强度，一是干燥温度不要超过 50℃；二是干燥时要注意空气的流动；三是模型脱模倒出后应最好在常温下保持 24 小时，再推入干燥室干燥；四是确保干燥的模型上线使用，同时在模型使用中也要保持干燥。这既可保证成型正常生产，又可提高模型的强度和耐磨性能，确保坯体尺寸和质量的稳定，防止模型发生变形，最终延长模型的使用次数。

○ 3.1.3 石膏模型的粗加工

1. 雕刻成型

根据模型外观形状，调制好石膏浆液之后，浇注成坯模，等到发热凝固后就可以雕刻成型了。在进行雕刻之前，创作者首先要画好产品的三视图，把三视图画到石膏坯模上，按所画的尺寸下料，先用雕刻刀切割出大概的形状，再慢慢地进行深入塑造。在每一个模型的局部形体中，发觉形体中的凸凹变化、转折，使形体基本上达到设计要求。待到造型完全干燥后，对表面的划痕、填腻子进行修补，磨光时用细砂纸，涂饰底漆，最后喷漆进行装饰。在

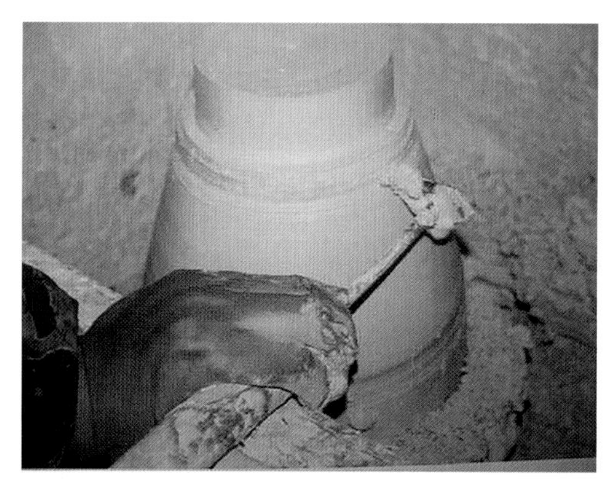

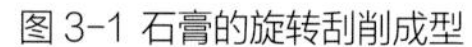
图 3-1 石膏的旋转刮削成型

图 3-2 回转体模型

塑造过程中为了使形体保持一定湿度，可以在每次工作结束后，用一块湿布盖住模型，以此来保持湿润，有利于下一次再进行塑造加工。

2. 旋转刮削成型

对旋转成型机转轮上浇筑凝固的石膏毛坯，制作者手持刀具或样板，在刀架上对其进行切削加工。这种方法适合用于制作各种圆平画、圆筒、圆柱形状的回转体模型（图 3-1、图 3-2）。

适用于圆形物体的加工成型的石膏旋转成型，是先在机轮上浇注出石膏坯胎，用油毡卷成筒状，放在机轮上，用细绳捆好，再在围好的油毡内倒入调制好的石膏浆液（按石膏与水 1.35 ：1 左右的比例调制）。20min~30min 后，石膏有了一定的强度，取下油毡，就可以开始车制了。

在车制时，电机速度要保持匀速状态，先按三视图的比例，车制大型，当大型车制成型后，再用不同的刀头、模板进行下一步的深入加工。加工时必须保证缓慢下刀，并且随时用卡尺测量尺寸大小，加工完后要轻轻走刀，用刀板在石膏表面上，进行精细加工，让石膏有一定的光度。当车制完成后，用刀尖切断加工好的模型下部，取下模型，完成加工制作。

3. 翻制成型

石膏模具在制模前，根据最终产品，先要用黏土等材料制作与之一致的“原型”，在分析这个原型的形态结构之后，合理地确定出分模块与分模线。确定分模块时要注意，分模块能大则大，越少越好，一般在形体的最高点或转折部位就是分模线，同时还要考虑模块之间的咬合，使各模块扎捆之后，不要松动。

确定好分模块后，就可以制作模具了，按照从下往上，从两侧向中间的步骤。首先将原型用黏土（泥巴）垫平放好后，尽可能让分模线处于水平位置，使脱模方向与工作水平面垂直。然后沿分模线，用塞料（黏土揉熟的泥），也可用塞板（石膏板、木板、金属板、塑料泡沫板），将暂时不浇注的部分堵塞，留出需要马上浇注的部分。周围用挡板（围板）围住并夹好，并用黏土（泥）把围板周围缝隙堵塞好，涂上脱模剂（肥皂溶液、凡士林、苛性钾溶液），便可进行第一次浇注（图 3-3）。

浇注时，应以最低角向模内注入石膏，液体慢慢流动直到掩盖整个“原型”。浇注工作完成后，在石膏还未凝固时，制作者轻轻摇动工作台或者轻敲围板边，使石膏浆内的气泡浮出表面，等一段时间凝固后，第一次模件制作就基本完成了。然后把模

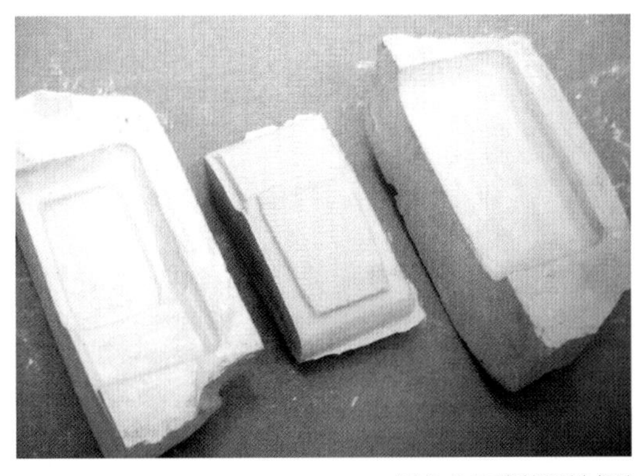

图 3-3 石膏的翻制成型

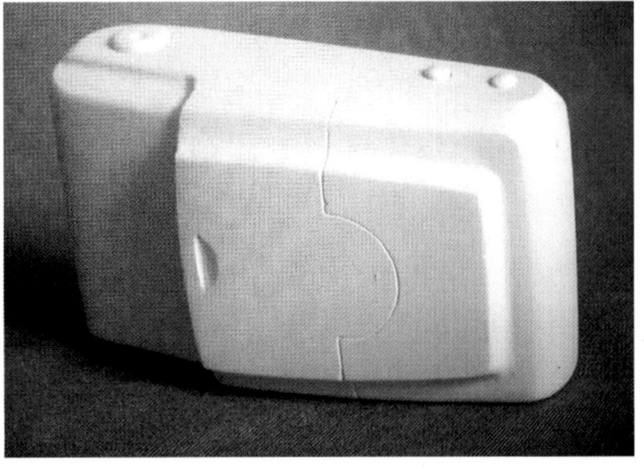

图 3-4 石膏相机模型

件整体翻转，清去黏土（泥）堵塞物和底板，此时没有浇注部分的“原型”就完全露出，就可以进行第 2 次浇注了。为了使合模正确、位置不发生错位，可以在分界上挖一些定位孔槽，作为定位销。在第 2 次浇注前，要把“原型”表面及空腔内的第一块模件、挡板等，全部都涂刷上脱模剂，接下来根据第 1 次的浇注方法和要求，开展第 2 次浇注。等到石膏凝固后，拆除挡板，一套 2 块件石膏模具就完成了。用上述方法，3 件或 3 件以上模子的制作，也可以逐步完成的。

为了让石膏模型翻制合格，在翻模件制成后，脱开模件，取出“原型”，并对模件的模腔内进行修整，将孔填补，凸出部分修平，杂物清除干净，再在模腔内涂刷脱模剂，拼合模具固定好后，便可以用来浇注石膏模型的制品了。图 3-4 为翻制的相机石膏模型。

○ 3.1.4 石膏模型的精加工

1. 粘接

在模具或模型加工中，如果发生了断裂情况需要恢复，可以采用粘补方法。下面介绍 2 种方法。

（1）前提是要粘接件本身比较湿润时，此时用石膏粉调浆粘接，粘接效果较好。做法是将要粘接的两端面倒 45℃角，除去表面灰尘和污物，再以石膏粉调水混合成浆，倒入两个被粘接面粘接。注意的是要将两个断面或粘面对准并做记号，用稍重物压紧，或用绳子捆紧，待干透后即会牢固。如没有干透就移动，此时强度极低，会毁于一旦。

（2）以石膏粉与白乳胶调和均匀，然后抹入被粘接面处，并压紧或捆绑紧，待干即可牢固。

2. 填补

如果出现一些凹坑、气泡、缝隙等缺陷在翻模和模型加工过程中，就需要填补它们。一种方法是先将凹坑缝隙清理干净，然后用水湿润，再用毛笔或小毛刷蘸石膏粉填补，干后磨平即可。假如凹坑面积较大，可浇上一层石膏浆液，也可补上一块石膏块，待干透后再进行加工。

另一种方法是将所需填凹坑处，用小塑刀清理干净后，刮涂水性腻子灰。刮涂过厚的水性腻子灰不容易干，并易产生裂纹。需要等到第 1 层干透后，再补刮第 2 次、第 3 次，直到刮补平为止。

○ 3.1.5 石膏模型的表面处理要点

当石膏形体修补完成后，对其表面按照要求进行涂饰处理，通常选用装饰颜料和装饰涂料来进行涂饰。

1. 表面处理

对石膏模型喷涂和刷涂着色时，其工艺要少量多次进行，一定要把模型上的大小缺陷修补好，并打磨光，再进行涂饰。先在其表面刷涂薄薄的一层树脂胶溶液或白乳胶，或用虫胶漆刷涂一遍，这主要是利于涂饰，能取得较好的效果，否则石膏的吸水性很强，虫胶漆会被吸收变色，而且不能一次喷得太多，易产生留痕，影响美观。油漆涂饰也会有同类问题，涂饰工艺多次少量的效果比较明显。

2. 着色与涂饰

（1）石膏模型着色要注意所用材料要除去油质工艺。石膏模型着色多用水粉、广告颜料或丙烯颜料调配所需颜色进行涂刷，再罩上一层透明清漆，但其颜色稍有变化，色彩的纯度就会降低，透明度也会下降，这主要是里面含有油质造成的，所以在石膏模型着色时，要注意所用材料要除去油质工艺。

（2）对石膏模型混合着色时，要注意水中色彩的比例，模型或模件在成型前，先在水中加入某种颜色，再加入石膏粉，这样具有色彩均匀的效果，里外渗透色不脱落；也可用调色粉同时着色，虽颜色不均匀，但有美丽的纹理效果，注意在水中加色时要使色彩比例适当调高 40%，因为石膏本身干透后会变成白色，这样就会降低色彩的纯度。

3.2 油泥模型制作

油泥模型的制作是一个实现梦想的过程。温热的油泥握在手中，像魔法一样将大脑所构思的二维形态制作成三维的实物形态。这种感受是电脑三维建模所不能够替代的。油泥模型的每一根线条、每一个转折都显得无比真切、触手可及，突破了二维设计的局限性，更好地诠释了设计师所想表达的形体，是一种任何人都一目了然的表达方式。油泥模型制作过程是一个不断反复推敲的过程，在这样一个过程中，或许你对最初的方案并不满意，做了些许调整；或许你看到实物模型后，茅塞顿开又有了新的创意；或许一开始你的设计在结构上有些不合理，但在油泥模型制作过程中你可以不断地修改和调整，直至找到你所想要的感觉。这就是油泥模型所不能取代的特殊性，也是其独特的魅力之所在。

○ 3.2.1 油泥模型的制作要点

油泥模型是指用油泥材料来加工制作的模型，其优点是可塑性好，油泥经过加热软化，便可自由塑造修改，易于粘结，加工效率高，不易干裂变形，可以回收和重复使用，特别适用于制作异曲面造型的产品模型。油泥的可塑性优于黏土，可进行较深入的细节表现，收缩变形小或不会产生龟裂，能较长时间保存。缺点是材料的强度低、刚度低，重量较大，不易涂饰着色，材料、工具与表面覆膜的成本比较高。油泥模型一般可用来制作标准原型、交流展示模型、功能试验模型。

材料性油泥都是呈棒状或长条状的型材，需在烘箱中加热软化后使用，因此必须要充分把握好加热温度和时间。通常需要准备好足够的油泥放入烘箱，把温度调到恒温 60℃，设定时间大约是 1 小时。初敷油泥时要有迅速的动作，熟练的技术，不然油泥会随温度下降而变硬（图 3-5、图 3-6）。

图 3-5 准备好足够的油泥放入烘箱

图 3-6 初敷油泥时动作要迅速

经过多次层面的铺敷，模型基本呈现大致的形态，开始进入粗刮阶段。这个阶段主要刮制模型的主要结构和大的表面外形，就是用相对简洁的工艺手法，制作出油泥模型的尺寸和主体形状，为下一步进行精刮做好准备（图 3-7）。

精刮制作的阶段也就是设计师把自己的设计预想转换成较逼真的产品模型阶段。在模型尺寸、形态、结构等诸多因素确定后，对其细节方面进行最后的确定表现。这个阶段所应用的技术和工具各式各样，对于模型，设计师和模型技师还可以一起来进行研究探讨，从而让模型更加精致和生动（图 3-8、图 3-9）。

图 3-7 简单刮削

图 3-8 用构思胶带确定造型范围

图 3-9 细节修整后的油泥模型

在学习制作模型这个阶段中每位学生都会兴奋和期待，当温热的油泥握在手中时，经过自己的主观创作和行动，脑海中的想象和构思都会变成现实世界中的实物展现在人们面前。然而这种感受和过程，是电脑三维建模所不能比拟的，每一条线、每一个转折都是真实存在的，能够靠人的感官去接触到。同时在这个过程中，每个方案都会做一些修改以便更加完善，此时的方案可能和它本来的初稿有点区别，或者就在这个过程中突然萌生了更好更特别的想法。

对设计师来说，油泥模型的制作是在三维空间中深入推敲形态的过程，这也是设计师与专业的油泥模型师的区别之处，同时也是设计的魅力所在。

模型制作阶段是比较关键的阶段，主要是再次深入设计，通过这个过程能够发现草图阶段并没有发现的问题。

○ 3.2.2 芯模、底座与轮廓刮板的制作

1. 芯模的材料与制作

内芯不仅仅是油泥模型的骨架，同时还能节省大量昂贵的油泥材料。因为油泥做的主要是汽车模型，所以内芯一般情况下是大块的实心物体，如木板盒体、块状泡沫塑料等。其中泡沫塑料由于制作方便的原因已经被广泛地采用，例如泡沫塑料汽车模型。普通可发性聚苯乙烯泡沫塑料（EPS）柔软松散，大块的高密度 EPS 不易找到，所以，现在汽车泡沫塑料模型和汽车油泥模型的制作中硬质聚苯乙烯泡沫（硬质 PS）和硬质聚氨酯泡沫塑料（硬质 PU）的块料被广泛地应用。当然，也有许多设计院校学生会倾向于选择和使用价格便宜的木制内芯。但无论选择什么材料，我们都必须考虑强度的稳定可靠。为了达到减轻模型重量、尽可能节约成本的目的，可以用泡沫塑料作为粗胚，密度选择为 20kg/m^3~30kg/m^3。（图 3-10）

内芯需要留下有足够厚度的油泥空间以便于修整，所以切忌过大，但同时看起来要已经具有了模型的大致形状（值得注意的是，芯模与产品的外形，按模型的比例一般小 1~2cm 预留作为上泥的厚度），并且要尽量减少突出的锐角，以便于进行后期的上泥和刮切。内芯还要求有部分有利于油泥与其紧密结合的形状，所以不能够也不必要把表面做得过于平整光滑，恰恰相反有时还需要做出一些沟槽、孔和凹陷等。

油泥模型底座的作用是支撑模型及将模型与平台固定，它由托板和木方构成。

图 3-10 发泡塑料切割

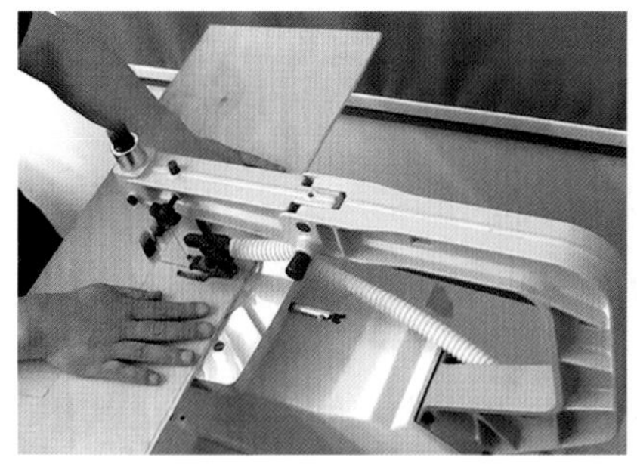

图 3-11 托板切割

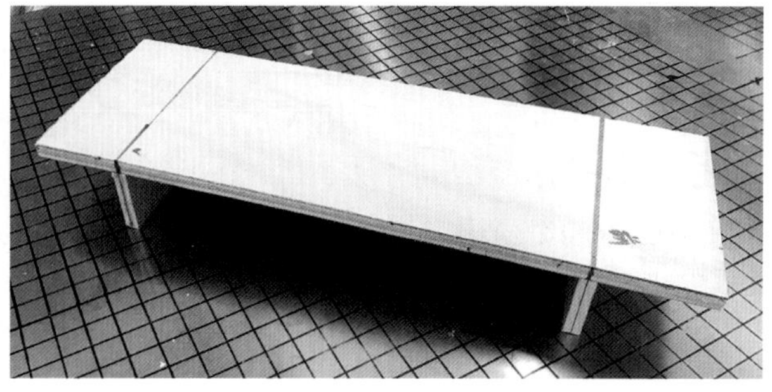

图 3-12 制作完成的底座

2. 底座的材料与制作

（1）托板

取一块 20mm 左右厚的细木工板、刨花板或者密度板作为底座的托板。通常情况下，考虑到以后油泥的厚度，相对于模型俯视图的整体尺寸，托板尺寸各边缩小 2cm~3cm。但如果车型特殊，就要考虑其承重问题，防止搬运模型时会带来麻烦。考虑前轮需要转动，所以托板应在前轮转动范围内预留足够的空间。而对于 1 ∶ 8 及更小比例的模型，托板的宽度按照两个轮胎之间的距离（轮距减去一个轮胎的宽度）即可（图 3-11）。

（2）木方

对于汽车油泥模型来说，支撑力不是在轮子上，而是在支撑托板的木方上。考虑到车身的离地间隙，应根据具体设计方案来确定用作支撑部件的木方的高度。要选用合适尺寸的木方固定在托板下面，各加一条木方在前轴、后轴位置，这两条木方的中心线就是前后车轮的中心线，宽度不超过托板，前、后木方之间再连接一条木方加固，该木方中心线对齐模型左右中心线，形成工字形支撑部件。经过严谨的计算后，将木方与托板用螺钉或铁钉连接后，固定于平台的合适位置。如果在进行这一步骤时做到非常小心严谨，定位十分精确，那么在之后的制作过程中取点、测量就会更加容易。制作完成的底座如图 3-12。

3. 胶带图的制作

胶带图（四视图）称为线图，相对于草图、效果图，胶带图的三维表现更加明确，它表现的是产品造型设计方案关键的特征线或称断面线。胶带图是用不同宽度和不同颜色的低黏度专用胶带，在标有坐标网络的白色图板或者薄膜上，依据产品主体和各部分分块的尺寸，粘贴出产品造型设计关键视图的轮廓线，胶带图一般是由正视图、后视图、侧视图、俯视图四视图组成。因为低黏度专用胶带可以随时粘贴或撕下，胶带图中的线条随时可以被修改，十分方便，所以胶带图是汽车造型设计、分析的主要方法之一。

在产品开发设计过程中，从效果图到油泥模型这一阶段的主要目的就是把一个形态从平面的效果转化为一个空间的实体，贴制胶带图是为达到这个目的的其中一个步骤。从绘制效果图到贴制胶带图、到制作比例油泥模型可以使平面效果转为立体效果，能忠实地表达出原设计的意图，胶带图虽然属于平面的视觉效果，但这一步骤已经和立体形态有所联系，它也是进行造型设计空间转换的第一步。胶带图的作用是准确地表达所设计产品外形的轮廓，它是产品造型设计过程中不可缺少的环节。

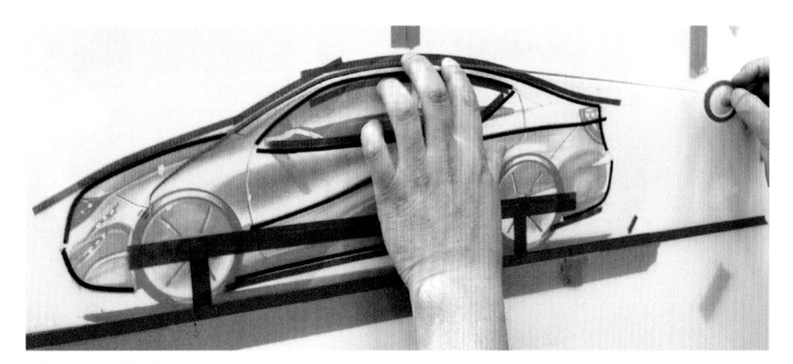

图 3-13 贴胶带图

（1）胶带图的整体制作方法

先将准备好的与模型同比例的视图绷紧于底板上，再把涤纶薄膜正面朝上将其覆盖，用透明胶带固定，然后依照视图将胶带贴于薄膜上，贴胶带时一手持胶带，作方向的调整另一只手食指摁在胶带上，沿前进方向移动（图 3-13）。需要注意的是，食指必须跟随胶带的方向变化，沿径向作顺滑移动，而不能一停一顿地摁胶带，否则贴出的胶带图不服帖。

（2）比较常用的贴法

①圆弧的贴法

当需要贴的圆弧较大时，两手配合就显得非常重要。持胶带的手根据所需方向均匀地调整，另一只手食指沿径向作顺滑移动，整个过程应当是平稳、顺畅的，尽量避免停顿，注意转弯处切不可出现皱褶。由于粗胶带不容易弯曲，因此在转弯处需要较粗的线条时，只能用细胶带代替粗胶带，一层一层地往外贴，直至需要的宽度。

②汽车模型轮子的贴法

车轮是一个整圆，一般有两种贴法。一种是用细胶带一圈一圈往里贴，这样要贴出一个光顺的圆难度较高，但可用于只需贴轮胎外圈的情况。另一种是用尽量粗的胶带由下而上层叠地贴，这种贴法多用于需要将整个轮子贴成黑色的情况。贴完之后，可以用刀将需要的形状切出，除去多余部分，因而比较方便。层叠贴时要注意，胶带一定要平行相叠，不要在中间留出空白部分，并且由下往上贴，尽量避免光照时出现明显的层叠痕迹。

③辅助线的贴法

由于细胶带容易弯曲，粗胶带比较挺直，所以当需要用细胶带贴一条直线，或者一条弧度较小的曲线时，可以利用粗胶带作辅助线，再将细胶带靠着粗胶带边缘贴。细胶带贴完后撕下粗胶带，就可以得到一条高质量细线，而用过的粗胶带还可以重复使用，如多次用作辅助线。

④表现光影效果

外廓贴完后亦可在涤纶薄膜上表现光影效果，可以利用不同颜色的胶带，也可以在薄膜背面用黑胶带表现大块阴影。光影效果只是一种表现，便于设计者在初期预览效果，以及在制作油泥模型过程中对照、把握。光影效果可根据个人喜好、要求进行制作。

4. 轮廓刮板制作

在油泥模型制作中，常通过采集胶带图上的外轮廓线和提取计算机模型中的所需截面的轮廓线来制作模板用以控制油泥模型的外形。车身表面变化较复杂的轿车比例油泥模型，一般需要 10 块左右的模板。而产品表面变化较简单的产品造型，比如产品造型较方正的，一般制作 3~4 块模板也能够把产品造型塑造出来。制作油泥模型模板的数量取决于设计方案形态的复杂程度。

（1）制作刮板的工艺要点

①制作图纸

一种方法是从胶带图上提取特征线时，首先在胶带图上覆盖一张大小合适的硫酸纸，然后用铅笔将胶带图上的特征线复制到硫酸纸上，注意标明图纸名称。另一种方法是从计算机模型中提取轮廓线时，首先根据计算机模型提取所需截面的轮廓线，然后输出，再按照比例打印出线图，注意标明图纸名称及序号。

②拷贝图纸

先在胶合板上平铺一张复写纸，用透明胶带固定，然后将硫酸纸图纸或打印图纸平铺其上，注意保持图纸不要变形，并用透明胶带固定，再用铅笔将图纸上的轮廓线复制到三合板上。

③锯削

用台式电动曲线锯对刮板进行锯削（图 3-14），此时的轮廓线是零件最终轮廓界线，因此在锯削下料过程中要始终保留轮廓线，并留出 2mm~3mm 的加工余量。加工时将压板调整到较低的位置，使其有较大的力量压住工件，同时还要能推动工件，推进时务必扶稳工件缓慢进行。推动工件时，用力要均匀、平稳，速度要慢，匀速移动，防止锯条折断，锯条保持垂直不能发生倾斜，否则会走形，也容易折断锯条。

（4）修边

下料后会出现毛坯零件边缘比较粗糙，尺寸达不到零件的技术要求的现象，需要对刮板的边缘进行精细加工，俗称修边。修边时通常使用金属锉、什锦锉、砂纸、自制打磨工具、修边机等工具对模板的内、外轮廓边缘进行修平处理，逐渐加工至轮廓界线，以达到形状要求。

对于较大比例的刮板，还要在锉好的刮板的外侧固定上木方，这样做主要是为了使较大的刮板在使用过程中不易变形。注意木方的端面要与模板 0 刻处平齐，木方与刮板之间要刷上乳胶，并在另一面用小钉子固定。最后在刮板上增加一些固定木方，使刮板比较稳定地立在平台上以方便使用。（图 3-15、图 3-16）

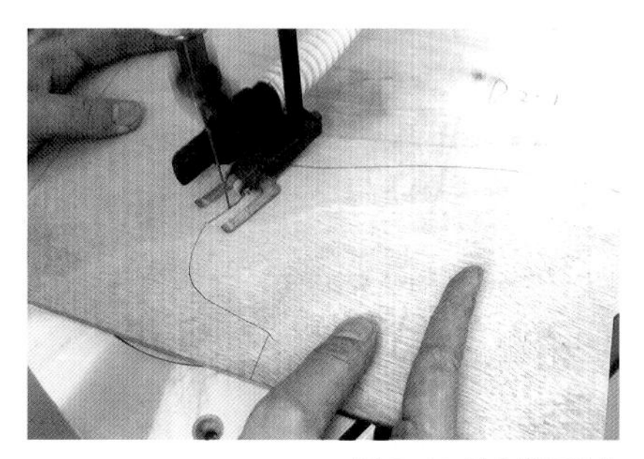

图 3-14 轮廓模板制作

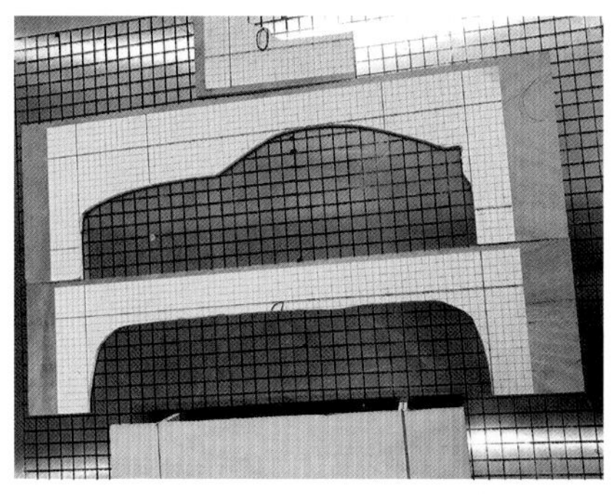

图 3-15 做好的卡板

图 3-16 轮廓模板放置

○ 3.2.3 覆油泥及粗刮要点

1. 准备油泥

加热油泥之前，先大致计算油泥用量，汽车油泥模型所需油泥用量计算方法如下：

汽车模型表面积乘以油泥厚度再除以每根油泥棒的体积 680cm^3/kg 就可以得出大致的油泥用量。一般全尺寸汽车油泥模型所需油泥厚度是 30mm~50mm，比例油泥模型所需油泥厚度是 10mm~20mm。

随着汽车外形各部位形态的不同，在汽车油泥模型的制作中，油泥的厚度也会有所不同，除此之外与设计方案是否明确及模型内芯制作的精确度也有很大关系。如果事前能够做到设计严谨准确，一个全尺寸轿车模型表面 25mm 厚的油泥就能够完成。如果是曲面简单的全尺寸卡车驾驶室外观模型，甚至 15mm 厚的油泥也是可以实现的。

2. 加热

（1）加热方法

在敷油泥前 1 小时，按计算好的模型所需大致的油泥量，将油泥放入烘箱的托盘中，每根油泥之间最好留有空隙，有利于方便加热。烘箱温度调到 60℃，保持加温至恒温状态。注意烘箱温度切忌调得过高，温度过高会导致油泥棒表面熔化但中心处仍是硬的。一般加热 45min~60min，基本可达到一致的内外温度，使油泥棒有合适的软硬程度，即可用于填敷。

只要将油泥放在烘箱里升温，油泥就会软化。而精确的温控和加热均匀是烘烤油泥必须满足的两个条件。如果温度过低，油泥的软化程度不够；如果温度过高，油泥的性能会受到影响。温度高到一定程度，油泥会因液化而成分分解，导致无法使用甚至燃烧，所以必须注意。

油泥不能堆砌摆放，应分层放置，而且在摆放油泥的时候也不要太密集，让每根油泥之间都有良好的通风间隙。油泥在加热过程中软化不均匀是一个最大的问题，因为受热不均匀而导致局部升温太快，因此带有内部鼓风的烘箱最好。另外，油泥在加热过程中一定要使用托盘盛放，托盘四边的高度不要超过一根油泥直径的 2/3，在烘箱中托盘与托盘之间不要重叠放置，以避免油泥在托盘内部被过度加热。

（2）烘烤油泥的技术细节

盛放油泥的托盘最好是用白铁皮做的烘箱专用平底铁盘，尽量不要使用瓷盆（碗），特别是小底的瓷碗不易使油泥充分受热，加热时间长，油泥损耗大。油泥拿出烤箱很快就会硬化，烘烤的油泥在制作过程中是用多少拿多少。因此使用的烘箱最好是能够调节温度和恒温的。不同种类的油泥有不同的特性，它们烘烤的温度是不一样的，因此不要将不同种类的油泥混在一起。使用过的油泥也可以回收后再使用。

3. 敷油泥

敷油泥是把油泥材料贴敷到内芯上，为了使油泥在贴敷过程中能够结实稳固，需要先加热软化油泥，然后用手用力地推抹，一条接一条、一层接一层地压实并且使内部的空气排出。采用木制龙骨内芯时模型还可能需要用木槌击打，从而避免留下空气和间隙，确保结实牢固。油泥层厚度的经验数据一般是 10mm，也有的内芯做得相当精确而把油泥层控制在 5mm 左右。当模型较大时油泥层应厚一些，因为大尺寸内芯不很准确，取 20mm~30mm 较好。有时为节省材料，也可将老化或粗糙的油泥打底，在模型表面的造型层上涂敷足够厚实的新料。

第一层一定要很薄。如果有条件，泡沫表面要用热风枪使其硬化，便于油泥附着。用拇指将油泥碾压上去，拇指要用力，保证油泥不易脱落。再用食指反方向碾压回来。

敷油泥时，最先是在泡沫内芯的表层敷上 1mm~2mm 厚的一层底泥，敷第一层油泥时，将油

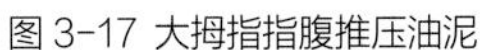
图 3-17 大拇指指腹推压油泥

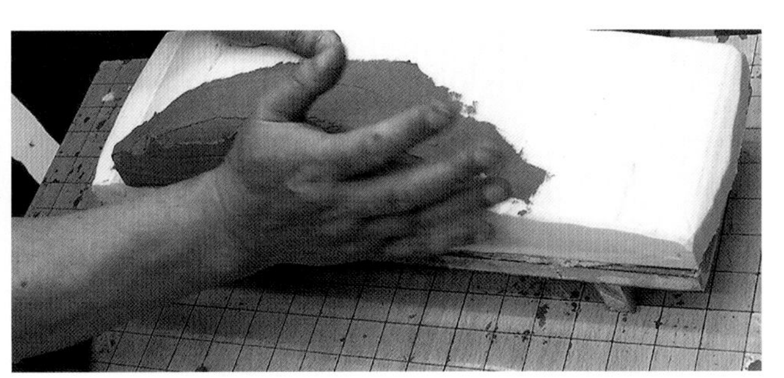

图 3-18 用食指指腹刮压油泥

图 3-19 手掌推压油泥

泥放于大拇指上，用大拇指指腹的侧面将小块油泥向外推压出去（图 3-17），再用食指指腹的侧面往回刮压平实（图 3-18）。一般一次填敷 4mm~5mm 厚的油泥层，填敷时将相对较大的油泥放于掌心，用内掌将相对大块的油泥向外推压出去（图 3-19），再用食指指腹的侧面往回刮压平实。填敷油泥过程中要顺着一个方向推压添加，并且要注意不能产生气泡，不然会严重影响后期精修平整处理。填敷油泥要求手势平顺，动作快捷，并注意及时将油泥表面凹陷处填平，防止有明显的波浪起伏。

先后填敷油泥的温度要保持接近，如果差别过大，新填敷的油泥与已填敷的油泥就很难融合在一起，并且在快速冷却后，会在之间形成一个剥离层。所以，在填敷第一层油泥时，可以选择若干个人合作，用最快的速度均匀填敷在内芯表面。在接下来的填敷过程中，可在填敷新的油泥层之前，将原来的油泥表面用电吹风预热至适当的温度，再进行填敷。

经过 3~4 次填敷后，进行检测时用三个方向的模板放在各自适当的位置上，根据模板观察油泥的厚度。在制作比例模型时，后期大多数用模板刮制的方法加工，因为模板硬度较低，刮削量大，只能刮削加工软油泥，所以，每个面在加工之前，还需要填敷软油泥，趁热快速完成刮削，因此在初敷油泥阶段，不一定要将油泥直接填敷到位，一般采用添加成型的方法加工，应将油泥填敷到距离模板边缘 4mm~5mm 的位置较佳。如果采用后续刮制成型的方法加工，在初敷油泥时，应该将油泥直接填敷到超出模板边缘 2mm~4mm 的位置较佳，后续刮制成型时将多余的油泥刮削掉，直至模型的实际尺寸即完成阶段任务。

模型表面油泥填敷到合适厚度以后，把模型底座翻过来，参照胶带图对模型下表面填敷油泥。车身下部的油泥要填敷到托板上，往里推进 30mm~40mm，在这个位置油泥虽然不可见，但是油泥的边缘应当最好紧密结实，并将边缘收齐，防止产生毛边导致油泥大块脱落。填敷好后将模型翻过来按相应坐标固定到比例模型平台，结束填敷油泥工作。

4. 粗刮

在初敷油泥结束后，就进入了油泥模型粗刮阶段。粗刮油泥，也称初刮油泥。和制作 ABS 仿真模型类似，在精细加工造型形状前，要事前做好工作样板。传统的胶带图和计算机辅助设计建模都可以是样板数据或曲线的来源。

根据模板或图纸，去掉凸出的多余部分，将凹陷的地方填补起来，对油泥模型基准面的塑造以确定大形，这是一个反复多次的过程。

在刮制油泥的过程中，不能完全凭感觉，一定要多次测量图纸，分析参考点、特征线，使用标高尺在油泥上标注准确的采样点。采样点标注完成后，用刀或胶带将这些采样点连起来，而形成各个面，这些采样点连接成的线就是面的边缘界线。采样点越多，模型尺寸越准确。

粗刮油泥可用刮刀，也可用模板，这两种方法常常是交叉使用的。选择哪种工具，主要根据刮制的产品和各部件面积的大小确定。

用刀刮削的方法是，一只手握刀拉刮，另一只手搭在刀架上控制轻重和保持平稳。用模板刮制可以利用支架，如果是用手持，要注意把握平稳。刀具主要选用直角型或双刃油泥刮刀，根据模型大小尽量选择大尺寸的刮刀。使用双刃油泥刮刀刮削时要使用带齿的一面，不要使用带刀的一面。为了保证刮削面的连续性和平整性，刮削过程中用力要尽量均匀，并保持平稳。前后两次刮削用刀呈十字形交叉方向，不要只朝一个方向用刀。在粗刮油泥的过程中，头脑中要始终保持完整的形状。参照制图和效果图，将模型与图纸反复比较，对油泥模型进行不断的审视、改进和调整。也可以用模板或标高尺检查。由于粗刮只是制作基准面，所以刮削时应先从大的面开始，只注意大面的准确性，只刮制出模型的基本形状。在大的面制作完成前不要着急做小的面，更不要进行细节的制作。

在基准面刮制完成后一定要检查平顺度，在该面平行贴上黑胶带，通过观察黑色胶带之间的距离是否平行、均匀，可以判断该面平顺度是否一致。粗刮油泥的技术要点：标注采样点最重要的是要找定位线，一般来说，多数产品都是对称的形态，因此常用中轴线作为定位线，而且只需要找一条。作为表示对称的中轴线，往往决定着整个模型的基本大型，以中轴线作为定位线来找到其他面的位置既准确又方便。对称的制作也是以中轴线为界，一般来说，油泥模型是先制作好一半后，在细节制作前再进行另一半对称的复制。模型在制作的时间和顺序上略有区别。对于汽车全尺寸油泥模型，可以从填敷开始就只做一半，待所有制作完成后再制作另一半并且可以两边造型不同。对于汽车小比例模型，更适宜从粗刮时就采用整体制作的方法。

油泥模型加工成型一般有两种方法：添加和刮削，也就是油泥的加法和减法。添加就是在模型内芯上表面敷油泥的厚度要小于最终需要的厚度。首先依据模型模板刮制出几个关键基准点，然后依据几个关键基准点来填补油泥。添加的方法主要适用于模型表面形状比较复杂、曲线变化比较强烈的车身造型设计方案，也比较适用于比例模型制作。刮削就是在模型内芯上表面所敷油泥的厚度大于最终需要的厚度，依照模型模板刮削出几个关键基准面，然后根据这些关键基准面来刮削模型上其他多余的油泥。刮削的方法适用于刮板造型，主要用于模型表面形状比较单一、车身设计方案主要由几个简洁的曲面组成的模型。数控铣床铣全尺寸油泥模型就是采用刮削的方法，通过把数据反映到油泥表面来体现形状。

在实际教学过程中，应该根据具体车身设计方案，指导学生采用刮削和添加的方法进行制作。由于设计方案的复杂程度以及学生动手能力上的差别，添加和刮削的方法经常是混合使用的。

粗刮阶段主要刮制模型的主要结构和大的表面外形，就是用相对简洁的工艺手法制作出油泥模型的尺寸和主体形状，为接下来进行精刮制阶段打好基础（图 3-20）。

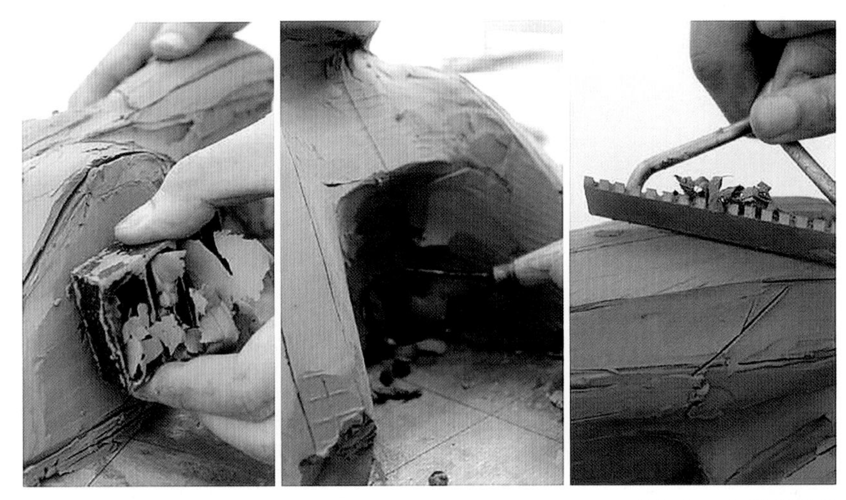

图 3-20 油泥模型的粗刮

○ 3.2.4 油泥模型的精加工要点

精刮油泥，也称细刮油泥，是油泥制作过程的最后阶段。是模型基准面完成后，对油泥模型的各个部件制作、部件之间的连接（转折面）等细节的处理和表面光顺度的处理。对于部件制作，在刮制前要先用一些设备或模板在模型上标注出准确的位置。在刮刀的选择和使用的方法上与粗刮基本相同，针对特殊部位和特殊造型选用特殊形状的刮刀、模板或其他工具。

1. 用具

使用长刮片不但可以多方向垂直于模型表面来检查，而且通过查看刮制的痕迹是否一致也可以判断模型表面的平整度，便于及时调整模型表面曲率、光顺。刮制时刮片应朝不同的方向倾斜而适当地用力，并注意手的摆放位置，手指的用力应均匀分布在刮片上，防止受力不匀，刮片变形。

而对某些表面面积较小和特殊部位无法使用钢刮片的模型，可选用精刮和特殊形状的油泥刮刀，刮制方向仍然呈十字形交叉。对模型各个部件之间面的连接等细节，完成不充分的地方进行调整，由于这些部位造型特殊，主要选用圆形刮刀、三角形刮刀和丝刀，也使用一些特制的模板。

2. 使用断面卡板

OX 断面卡板：首先把产品模型俯视轮廓内模板，按照模型底座上的支撑木方裁出缺口，把支撑木方插入模板缺口，使模板的 *OX* 线与模型 *OX* 线一致。用双面胶带把俯视轮廓内模板与平台固定，作为其他断面模板刮制滑动时的轨道，注意要依照俯视轮廓内模板的板厚度对其他断面模板与平台接触的面裁出相应的缺口，使模板 *Z* 轴 *O* 线与平台面一致。然后把软油泥沿模型的 *OX* 断面敷成带状，在带状油泥硬化之前，来回用模板沿轨道迅速扫刮油泥制出 *OX* 断面（图 3-21），因为一旦油泥温度下降，油泥变硬，扫刮就会遇到困难了。因为整个 *OX* 断面跨度较大，为了达到减少阻力的目的，常把 *OX* 模板裁成前后两段，先刮制前部断面，再刮制后部断面。*OX* 断

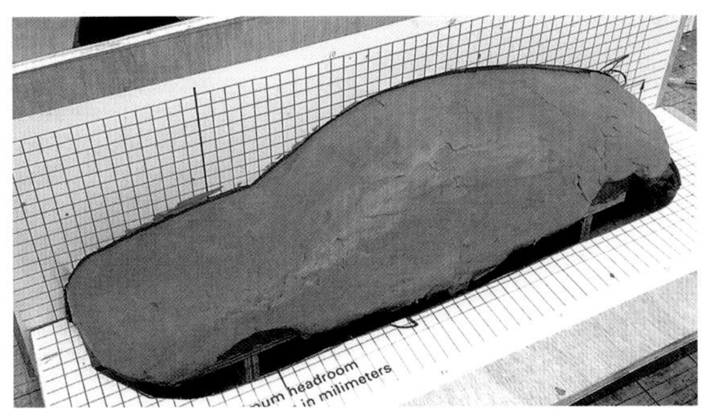

图 3-21 制出 OX 断面

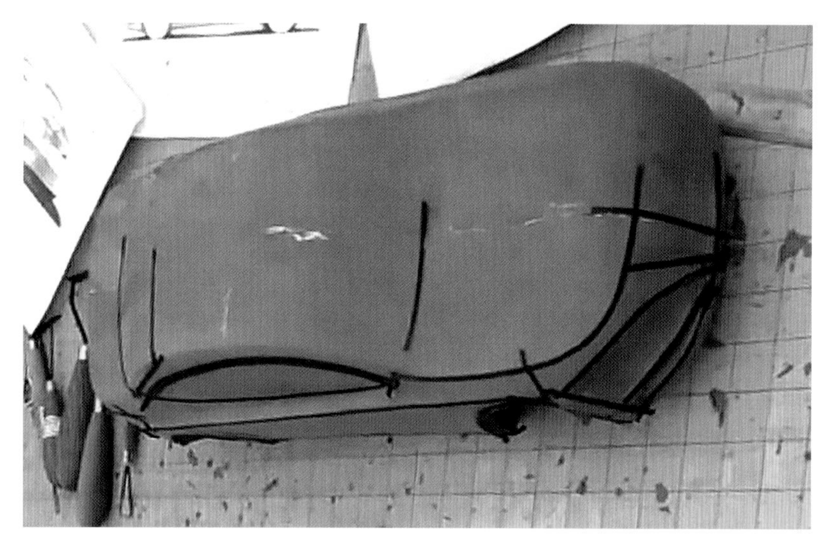

图 3-22 用胶带标注转折面

面刮制完成后，在模型表面用马克笔等画出 *OX* 线。

OY 断面卡板：*OY* 断面由侧视图组成，参照上述方法制作 *OY* 断面。将轮口模板放在产品侧面合适的位置，然后根据模板用刀在模型表面进行样板画线。

3. 用胶带标注转折面

泥模型的魅力在于在做的过程中去推敲线条，通过实体模型可以去调整造型，去推翻造型，甚至是去重新定义造型。在做比例模型时，要注意突出造型的特征线，注意从侧视、前视、透视三个视角去调整线条（图 3-22）。

4. 制作转角

部件之间的表面连接（转折面）处理是使模型富有变化，更加完美。在面与面的转角处，用平挠、钢丝刮刀等小工具对模型上的转角进行修整和刮削，然后用带弧度的钢片、外 *R* 刮板或 PVC 片进行光顺。

5. 制作分型线

以每个部件的分型线一侧的边缘粘贴胶带作为导向（图 3-23），通过划针或三角刮刀等小工具沿胶带刮削出线槽（图 3-24），再用适当宽度的单头导缝槽刀或塑料刮片进行光顺，然后揭掉胶带。用三角刮刀刮出的线条越粗，接下来的贴膜检验后，线条越不容易消失。在较小比例模型或者在制作要求不高的情况下，分型线也可以直接用细胶带做记号。

图 3-23 分型线一侧的边缘粘贴胶带

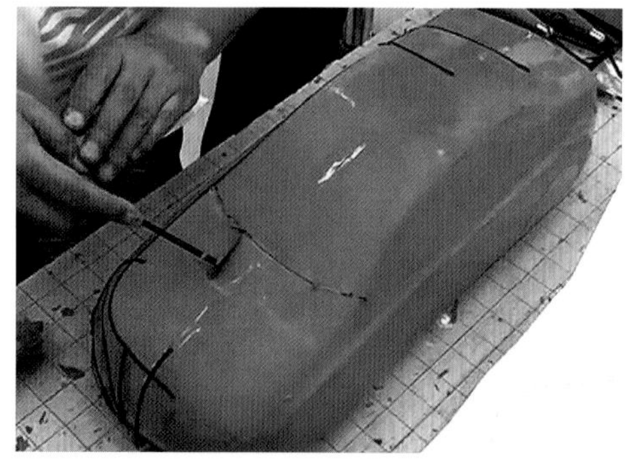

图 3-24 刮削线槽

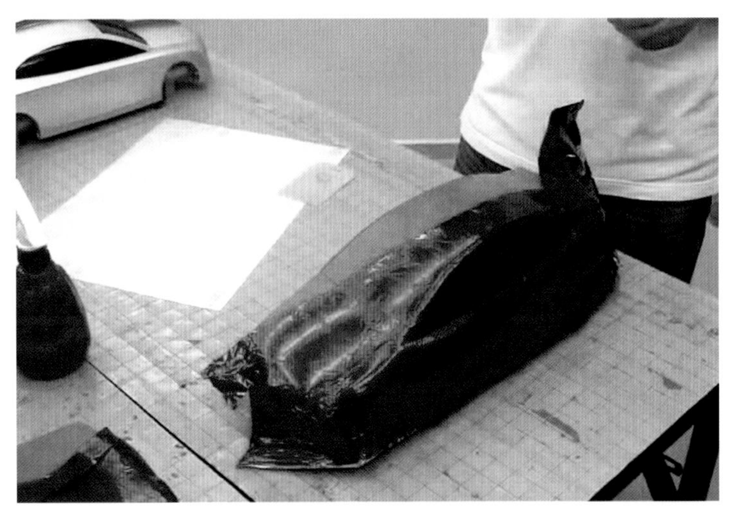

图 3-25 Dinoc 膜进行检验

6. 模型校正

对模型从不同角度进行仔细观察，并借助工具进行测量，检查模型的缺陷及左右对称情况，对不足的地方进行修整。

7. 模型表面检验

油泥模型制作基本完成后，需要对油泥模型表面是否有波浪、是否光顺以及模型上的高光形状进行检验。假如检验发现有问题，则需要调整和处理油泥模型表面。校光灯和 Dinoc 膜都是专门用于检验油泥模型表面光顺的工具。

具体的方法是，先在油泥模型上喷水，用橡胶刮板将 Dinoc 膜贴到模型上待检验的部位，使用日光灯管照射模型，观察模型上的面是否平顺，黑色的薄膜更易于观察模型上的高光以及反光。如果出现高光或反射线条以及曲面不平顺的现象需要把薄膜揭下来，把有瑕疵的模型表面刮平顺，再贴上 Dinoc 膜进行检验（图 3-25）。

8. 其他注意点

为了保证刮制的模型表面平整光顺，在大型曲面表面的刮制时，应根据模型断面采用长十字形交叉及多方向进行刮制，这样刮制的模型表面不易形成波浪。

如果表面模型有气泡或凹陷，可用针扎破放气，如气泡较大还需与凹陷的地方一起填补油泥，填敷时要按紧并延伸，以免起层脱落。

○ 3.2.5 表面处理要点（以汽车模型为例）

1. 胶带装饰

用宽窄不同的胶带表示出汽车身上各种零件。

2. 薄膜装饰

把专用的薄膜粘在油泥模型表面，用不同颜色区分出产品各个部件，以便产生更加逼真的效果。模型表面粘贴薄膜后还可以把薄膜再撕下来，进行模型局部改动后再粘贴上，比较方便。但是如果薄膜延展变形太大，薄膜失去弹性就无法保证效果而不能再次使用。薄膜装饰步骤及要领:

首先把油泥模型表面修平使其光顺，用胶带在油泥模型上贴出分型线，以胶带为导向用三角刮刀刻出宽度和深度均为 lmm 左右的分型线槽，裁出比实际所需要的面积边缘大 20mm~30mm 的薄膜，将裁好的薄膜背面朝下，然后放入水池中浸泡（图 3-26），直到可以轻松地把纸制的衬底从薄膜上揭下来。值得注意的是比例模型贴薄膜尽量在车身分型线上自然拼接，全尺寸油泥模型因车身面积较大，例如车顶，有时会要求使用相同颜色的薄膜拼接。薄膜浸泡时尽量不要折起来，以免变皱。浸泡时要有适中的水温，夏天可以直接用自来水浸泡薄膜，而在冬天则需要用温水，贴薄膜时的室内温度最好在 24℃以下，室温太高，油泥模型表面会变软，无法把薄膜刮平，我们可以用喷壶在模型表面喷水（图 3-27），这样有利于将薄膜和油泥模型之间的空气刮出来，从而使薄膜服帖地贴附在油泥模型表面。在水池中把薄膜的透明保护膜及纸制的衬底层揭下来，把薄膜贴到油泥模型上。这个时候要注意防止薄膜起角或者出现气泡。用橡胶刮板从模型较大的较整的表面开始，由内向外将薄膜内的水和气泡刮出来（图 3-28），刮好一块完整的整面后，刮实刮平面与面转折的棱线部位，以免空气进入（图 3-29）。起点为转折部位的棱线，开始刮其他的面。用橡胶刮板刮平薄膜时，可以同时用喷水器向薄膜被刮的位置喷水，这样可便于刮平薄膜。在线槽处拼接时应用刮板尖端把薄膜压进线槽，以免空气进入，防止薄膜在这个位置与模型分离。在这个过程中一旦出现气泡就需要返回到之前的工序中继续工作，重新把气泡赶出去，此时切忌试图用针或刀尖把薄膜扎出孔使薄膜被刮平，因为薄膜上一旦有孔，很容易进入空气从而又产生新的气泡，造成恶性循环并没有解决问题。在确认所贴薄膜完全刮平后，用手术刀或裁纸刀在线槽处将多余的薄膜裁断。车身下沿与轮口部位的薄膜要贴到内表面上。在模型上贴完相同颜色的薄膜后，开始贴其他颜色的薄膜，贴膜的方法相同，最后在线槽处将薄膜边缘裁掉。

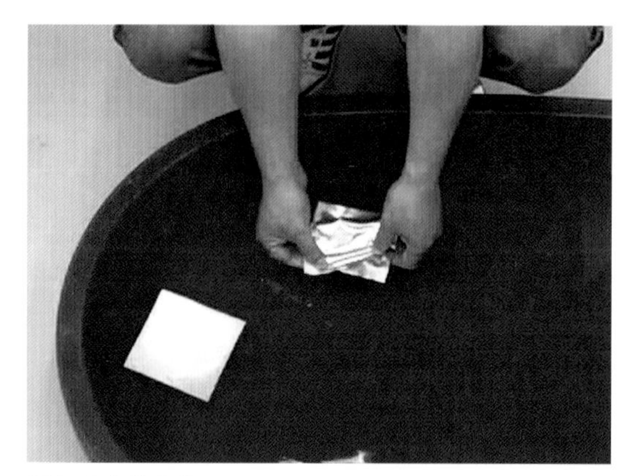

图 3-26 浸泡薄膜

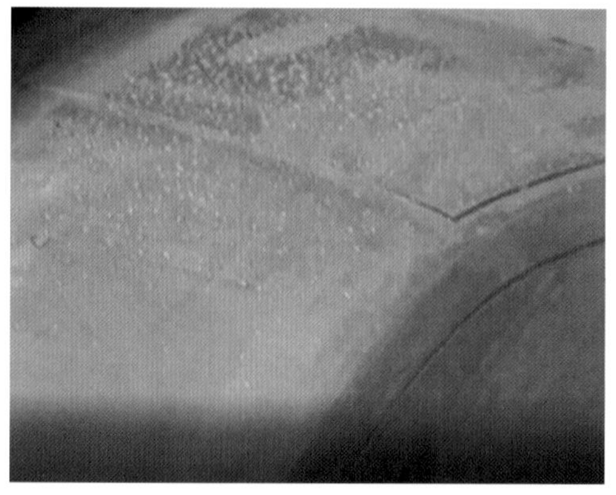

图 3-27 用喷壶在模型表面喷水

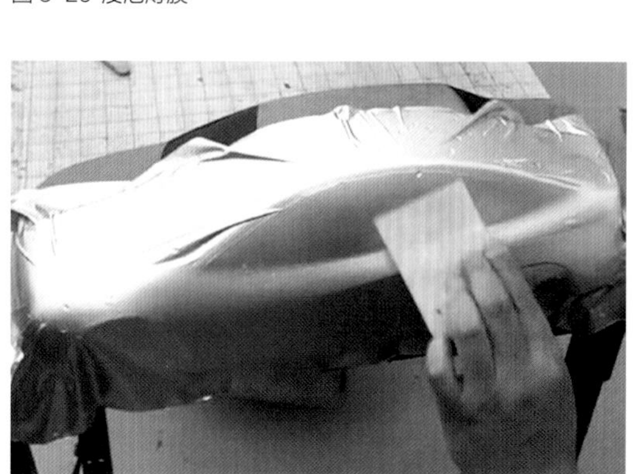

图 3-28 用刮板刮出水和气泡

图 3-29 刮实刮平棱线部位

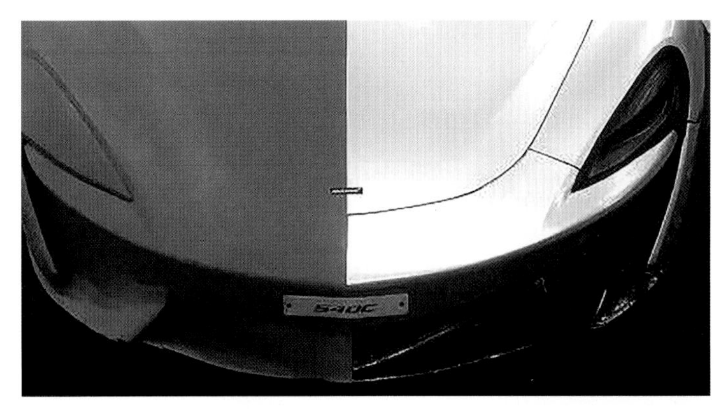

图 3-30 车灯部位贴膜

图 3-31 用黑胶带贴出分型线

油泥模型车身部分贴膜完成后，开始车灯部位的贴膜工作（图 3-30），可以选择专门用于贴车灯的棱镜薄膜。在具体教学过程中，也可以用自喷漆将透明薄膜喷上车灯所需要的颜色，把带有颜色的薄膜贴在模型车灯部位，沿线槽裁下边缘部分。另一种做法是在计算机中做好类似车灯玻璃的黑白图片，打印出来，接着将此图片的表层转印到银色薄膜上，自己制作专门贴车灯的薄膜来使用，这种车灯的效果设计会比较接近真实的效果，更加逼真。最后用较细的黑胶带沿线槽粘贴出分型线（图 3-31），注意用黑色胶带粘贴完分型线后会难以再进行修改，拉起胶带就会使薄膜边缘起褶皱而无法刮平。所以用黑色胶带粘贴分型线是薄膜装饰最后一道工序，必须要慎重。制作完成的汽车油泥模型如图 3-32。

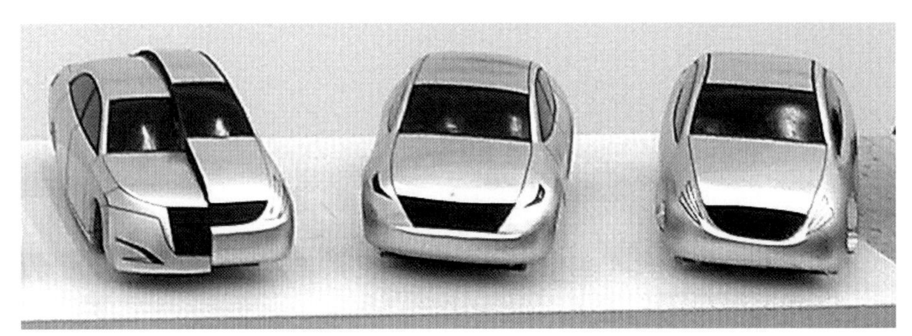

图 3-32 制作完成的汽车油泥模型

图 3-33 打磨

图 3-34 喷漆

3. 喷涂装饰

喷涂装饰一般是在油泥模型设计定型后进行的，装饰过程包括喷涂腻子、水砂纸打磨以及模型喷漆，该方式适用于在企业开发产品过程中采用。通常情况下对于院校教学来说，如果模型作为长期展示使用，喷涂装饰是最适合不过的了。如果模型要反复修改，以至于模型上的油要循环使用，选择胶带装饰或薄膜装饰就更加适合。

油泥模型表面喷涂装饰分为如下几个步骤: 喷底漆，增加油泥模型的表面硬度; 喷涂腻子并打磨，增加模型表面硬度并且填补表面凹坑; 填红色眼灰并打磨，进一步光滑模型表面; 喷灰色底漆并打磨，以提高面漆的附着能力；喷车身表面金属漆，在车身表面贴出风窗及车灯等分色部件的轮廓线以确定其各自范围；车身表面不同部件分色喷漆，在喷涂后的模型表面贴分型线，安装车身附件，完成最后装饰（图 3-33 至图 3-35）。

图 3-35 最后效果

3.3 塑料模型

○ 3.3.1 硬质 PU 模型的制作要点

1. PU 材料特性及成分分析

PU 泡沫塑料常被应用于家电产品、交通工具模型制作中，具有以下优点：

（1）组织结构细密、密度均匀、不易变形收缩，是理想的模型材料。

（2）易切削打磨，手工加工即可，常规切割打磨工具均可操作，实验室硬件投入低。

（3）成本相对油泥材料较低，并有多种密度可供选择，价格可选区间大，通常 1 ∶ 4 比例汽车外饰造型模型需泡沫材料的用量（考虑加工余量）在 $0.2m^3$ 以内，以选用 $80kg/m^3$ 密度的材料计算，其材料价格一般不超过 500 元，远低于油泥模型的材料价格。

因此，将 PU 泡沫塑料作为汽车造型模型材料，是一种节约模型制作人力、物力的方式。

2. 工艺难点及解决方式分析

材料的造型特性是手工模型制作材料选择的原则之一，由于 PU 泡沫塑料不像油泥材料般具有可塑性，表面也不够细腻光滑，用于制作汽车造型模型存在如下问题：

（1）材料剔除具有不可逆转性，相同材料添加修补只适合大块操作，局部添加修补困难，对设计方案的调整不利，也造成一定程度的返工。

（2）表面多孔多尘屑、厚度较薄易脆断，为了得到光滑无孔的表面，对表面处理工艺的要求较高，也需要较长的处理时间。

为使 PU 材料更好地适应汽车造型模型制作需求，需研究克服或规避上述材料缺陷的模型制作方法。

3. 泡沫塑料的切削加工

（1）冷切割法

在泡沫塑料块上画出加工的外轮廓线（此线应留有加工余量），用钢锯（钢板锯、钢丝锯、曲线锯）和切割刀具（美工刀、剪刀）沿线进行切削加工，以获得初步的形状。在对厚泡沫塑料板或块材进行切削时，一定要使锯或刀具保持垂直，使切削后的尺寸上下一致。

（2）热切割法

根据泡沫塑料受热被熔的特性，利用电热丝通电发热后熔化泡沫塑料的原理进行切割。通常热切割器固定不动，推动泡沫塑料使发热的电阻丝沿所画的线进行切割，以获得所需的形状，切割机如图 3-36。

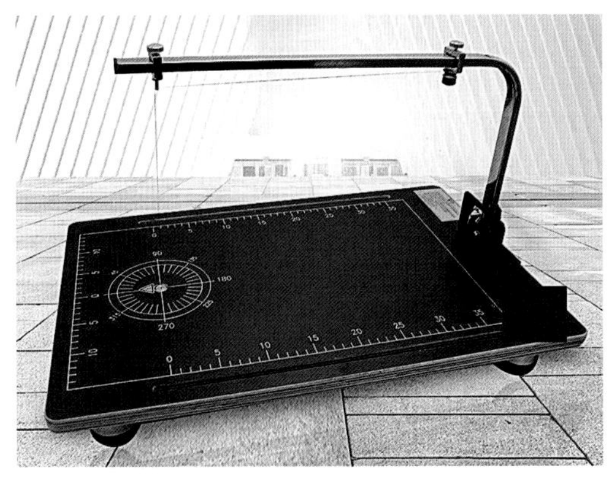

图 3-36 温度可调式泡沫塑料切割机

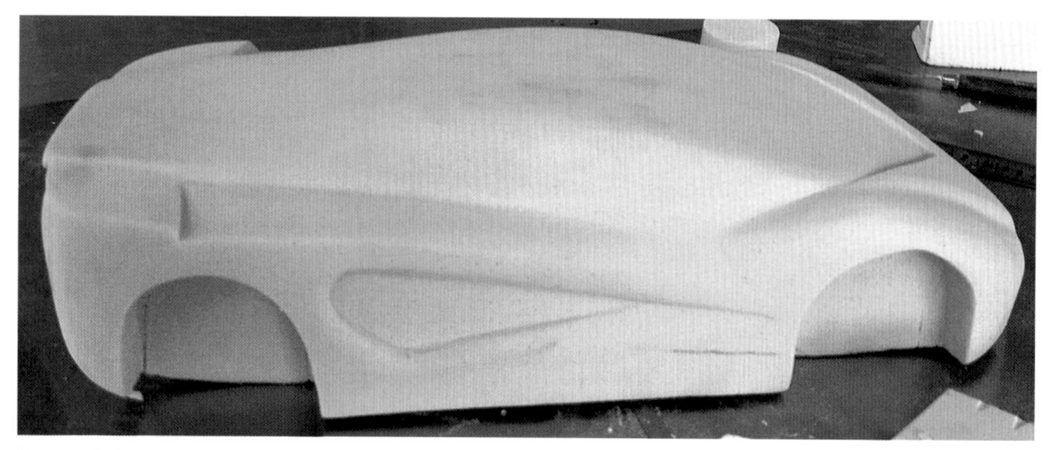
图 3-37 打磨后的形态

电热丝的温度可以根据要切割的泡沫塑料类型和密度进行调节。如果电热丝温度过高过热，切割道会太宽，不均匀；如果温度太低，在切割时使用的推力会使切割线变形，甚至断掉。所以在使用前应先用小块废料试切割一下，体会推力、速度和温度因素对切割过程的影响。切割速度与电热丝的温度成正比，如果速度太慢，温度过高，切割道会太宽而不均匀；而速度太快，对电热丝的压力太大，也会导致切割后材料的不规整。因此在操作时应保持一致的切割速度，不要在切割过程中停顿，否则电热丝周围的材料会熔化而形成凹坑。

（3）打磨修整

泡沫塑料材料经过切割获得大致形状后，用木锉和砂纸对其边角和边缘进行打磨修整，以获得所需的形状（图 3-37）。

（4）粘接

由于泡沫塑料对大多数的溶剂与无机物酒精溶剂的抗腐蚀性较弱，大部分胶粘剂对其会产生腐蚀，因此在用胶进行粘接时要慎重。通常选用乳胶、热溶胶或两面胶等。

（5）表面处理

泡沫塑料材质肌理的颗粒较粗，表面有较多小孔，加工时易造成颗粒脱落，产生一些凹痕，使表面不平整。表面处理是一道关键工序，对后序工作会产生很大影响。

①表面修补技法

模型后期喷漆涂装要求模型表面平整光滑，PU 泡沫塑料表面多孔，易产生尘屑，如何填补孔洞并消除尘屑是泡沫塑料模型表面处理工艺的难点。需要大面积修补的地方，可以用同类材料补粘上一块，干后经加工锉削，再砂磨到适合尺寸。凹孔不深的洞孔和裂纹，可用水与滑石粉及乳胶调成腻子灰，进行填补，干后用砂纸打磨平整。如果凹坑较深时，一般要多次填补腻子，每次干燥后，再进行第一次填补。填补基本平整后，再进行打磨。（图 3-38）

图 3-38 涂腻子

②表面涂饰技法

利用修补法将表面修补平整。由于泡沫塑料与大多数涂料会发生严重腐蚀，因此在涂饰前通常要涂刷隔离层。在隔离层上喷涂装饰涂料。（图 3-39）

图 3-39 喷漆后的效果

（6）常用工具

美工刀、剪刀、钢板锯、钢丝锯、曲线锯、板锯、度量尺、画线工具、木锉、砂纸、电热切割器。

（7）材料添加修补方法

PU 泡沫塑料无可塑性、易脆裂、切削打磨容易，但操作不当易造成形体的破坏，需添加修补材料进行补偿。为此，可以采用“少量多次”原则，即每次削去的材料不能太多，通过增加削割次数来达到造型的目的，一旦形态破坏较大，可用适当形状大小的 PU 泡沫塑料块通过乳白胶粘结于破坏处来修补。

（8）结论

针对 PU 泡沫塑料的材料特性，采取科学的制作工艺及方法，可得到与传统材料相媲美的汽车模型。

PU 泡沫塑料模型制作方法不仅经济有效，而且对制作工艺要求较低，对于缓解当前高校模型教学压力、促进工业设计实践教学的发展具有重要意义，并且为高校模型教学提供了新思路、新途径和新方法。

○ 3.3.2 ABS 及有机玻璃模型的制作要点

1.ABS 塑料的特性

ABS 塑料化学名称为丙烯腈 - 丁二烯 - 苯乙烯共聚物，英文名 Acrylonitrile Butadiene Styrene（简称 ABS）。从形态上看，ABS 是非结晶性材料，外观为不透明、呈象牙白色泽的粒料，其制品可着五颜六色，并具有高光泽度。ABS 板相对密度为 1.05 左右，吸水率低，同其他材料的结合性好，易于表面印刷、涂层和镀层处理。具有良好的力学性能，其冲击强度极好，可以在极低的温度下使用，其热变形温度为 93℃ ~118℃，制品经退火处理后热变形温度还可提高 10℃左右，在 -40℃时仍能表现出一定的韧性，可在 -40℃ ~100℃的温度范围内使用。并且几乎不受温度、湿度和频率的影响，可在大多数环境下使用。其应用领域很广，在机械制造领域多用于制作齿轮、泵、汽车内饰、电子产品、玩具、电脑等。在模型制作中最常用的是低温冲击 ABS 工程塑料板，板材经画线，切割后可直接粘制成型，也可用热塑成型，叠粘成材料后还可以进行车铣刨等机械加工。常用 ABS 工程塑料板规格为：板厚度 0.3mm~3.5mm，面积为 1000mm × 600mm 或 1200mm × 2000mm。

2.ABS 模型制作前的准备

ABS 产品模型制作主要分为阴、阳模具制作（木模或石膏模），压模，切割，打磨，黏合，着色六个部分，对于纯手工进行模型制作的学生来说，设计的模型不应太大、太过复杂，以免压模时细节无法压出。模型制作前，需要做好以下准备：

（1）材料和工具的准备

ABS 模型制作常用的材料有：ABS 板、密度板、石膏粉、三氯甲烷、白乳胶。常用手动工具有：

直尺、美工刀、勾刀、锉刀、水砂、游标卡尺、木工锉、台钳；常用电动工具有：切割机、曲线锯、砂轮机、烘箱、热风枪、电钻。

（2）设计图纸的准备

根据设计构思，绘制出三维效果图，再根据效果图在 1cm 单位网格内绘制出 6 个面的工程图，并在工程图上标注出相应的尺寸，确定模型的大小比例，打印出模型的 6 视图及关键视角的三维效果图，并将打印的图纸对应贴在墙壁上，供模型制作时进行观察、对比、测量。

3.ABS 模型的基本制作工艺

（1）阴、阳模具制作

①木模制作法

分析产品合模线，一般产品的中间为合模线，确定需要制作几套模具，对于较规则的产品只需制作 1 套模具，对于曲面较大的产品则需要 2 套及以上的模具，制作木模暂不考虑产品的按键及部分细节。

根据产品的尺寸及厚度，将确定的尺寸画在密度板上，其周边预留 5mm 余量并画线，确定需要几块密度板，用切割机或曲线锯沿画线将密度板切下，用白乳胶将切下的密度板紧密粘接，用重物压在密度板上或夹在台钳上，放置到第二天即可使用。将粘牢的木块置于台钳上，参照工程图、效果图用整形锉将木模打磨出产品的外部形态，反复对比，慢慢调整，直至做出较为精细的产品阳模。

制作阴模时，将阳模平放在密度板上并画线，其周边预留 30mm~50mm 余量处画线，沿外边线将密度板切下。用电钻在阴模的线内 10mm 处钻孔，直至线锯锯条插入为止，沿内边线将密度板切空，将阴模置于台钳上，用整形锉修整，反复对比阴、阳模具，使阴、阳模间有 3mm 左右的中空为止。注意：使用曲线锯时用力要平稳、匀速，转弯时不能太急或使用蛮力，避免扭断刀片，切割及钻孔时注意应留有余量，修整模具时锉刀应放平，时刻注意画线。

②石膏模制作法

根据产品的尺寸，用硬质的板材制作比产品形体稍大的箱体，一般选择吸水性较好的硬纸板。选择质地细腻的石膏粉，水和石膏粉按 1 ： 1.4~1 ： 1.8 进行调配，放入桶内用电钻搅拌机进行快速搅拌，并将搅拌好的石膏注入箱体内，注意将石膏里的气泡震出，等其凝固后，将箱体拆除。参照产品工程图、效果图用美工刀或钢片对石膏外部造型进行修整，反复对比，慢慢调整，直至做出较为精细的石膏阳模。

在制作复杂的模型时，石膏模可以分开做。首先按照上述方法制作出放大原阳模 6mm 左右的石膏阳模，在阳模的中间画线，将搅拌好的石膏注入稍大于阳模的箱内，在石膏阳模上涂上脱模剂（肥皂水），迅速将半边石膏阳模放入石膏浆内，并将石膏浆震平，待石膏略干后，慢慢将阳模取出。再次将石膏模涂上脱模剂并放回原位，用电钻在平整的石膏上打几个直径为 30mm~50mm，深度 20mm 的凹槽，清理石膏碎屑，并在整个石膏平板上涂上脱模剂，再次将搅拌好的石膏注入箱内，石膏没过阳模 3cm，将石膏浆震平，待其干后用脱模剂小心将石膏模分开，并将分开的石膏模进行修整。

（2）ABS 的压模

模型压模前，先对 ABS 板进行下料，下料大小为除底面外，另五个面面积之和的 1.2 倍，压模一般选用 1 mm~2mm 厚的 ABS 板。将裁切的 ABS 板放在烘箱内的铁盘中（避免烘箱内的网格印在 ABS 板上，或因烘箱温度过高，ABS 塑料受滴到烘箱底部的电阻丝上引起燃烧），烘箱的温度设定为 160 ℃ ~180℃，烘烤时间约为 2 小时。木模压模与石膏模压的方法基本相同，压模时可 2 人合作完成，将阳模放置好，待 ABS 板软化后，一人将 ABS 板迅速拿出并放在阳模上，另一人迅速用阴模从上往下按套在阳模上，按压时位置要准、用力要稳、速度要快。注意：压模前先用电钻在木模上打一个小孔，便于 ABS 压模时空气的排出，同时戴上隔热手套，避免高温的 ABS 板将手烫伤。

（3）ABS 的切割

对于 2mm 以内、曲率较小的 ABS 板我们可以使用勾刀直接进行裁切，对于压模完成后，模具外受压的 ABS 将产生余量，我们先在余量上画出 ABS 模型的合模线，我们可用勾刀、台式线锯、手提曲线锯、手工锯小心将多出的余量锯掉，再用钢锉对 ABS 切口进行打磨，直到上下两个 ABS 模型能够较为吻合为止。对于较为规则的切割或按钮的制作，可以使用 CNC 精雕机进行切割。

（4）ABS 的黏合

在模型制作过程中，我们常需要将不同的 ABS 部件黏合在一起，ABS 塑料常用的胶水有：三氯甲烷（氯仿）、U 胶和 ABS 胶等，其原理是用胶水破坏 ABS 的分子结构，使其融化并在外力的作用下紧密地结合在一起。使用三氯甲烷时，一般我们可以选择注射器或勾线笔，将三氯甲烷注入接缝处。为了使两个塑料模型结合得更为牢固，且可以看到分缝线，我们需要在塑料模型内侧周围粘连一条宽 5mm~10mm 的边条，这样黏合的模型既牢固又完整，而且方便后续模型的打磨。

（5）ABS 的打磨

在模型制作过程中，我们一般会对 ABS 模型黏合处的痕迹进行多次打磨，打磨前我们需要对凹痕进行处理，先用原子灰将凹痕填平，再用锉刀和砂纸尽量把添补的地方打磨光滑。原子灰俗称腻子，一种填补材料，常与固化剂按重量 100 ：1.5~100 ：3 的比例混合使用，在实际经验中我们还可采用模型胶和滑石粉混合使用填补较小的凹槽。注意：涂抹原子灰时，应清除 ABS 表面的杂质，按量进行调配腻子，防止腻子短时间内固化造成浪费，打磨时必须使腻子完全固化，以免潮湿的腻子粘到锉刀的凹槽内。打磨时的顺序是先用锉刀、粗砂纸、细砂纸、水砂纸带水打磨，打磨完毕后用水清洗模型，此时模型表面会变得较为光滑，不光滑的地方我们需要再次打磨，直到打磨光滑为止。

（6）ABS 的着色

模型制作的最后一步就是着色，着色的方法有涂刷、浸染、喷雾，其中以罐装自喷漆的方法最为方便、快捷、经济。喷漆前我们需将模型表面的灰尘杂质水洗干净后干燥，并悬挂在立杆上，喷漆时我们将自喷漆上下均匀摇晃 2 分钟，使瓶内的油漆和空气充分混合，喷漆时喷头与模型的表面距离约 500mm，沿同一方向均匀喷涂，每次喷涂应薄一些，没喷到的地方等油漆干后再次喷涂，避免喷涂过厚造成倒流现象（流泪）。注意：喷漆时应尽量选择通风或有换气扇的地方，牢记“少量多次”“物静人动、人静物动”的口诀。

通过 ABS 产品模型制作，可以制作出仿真的实物，它既能够帮助设计师完善创意构思，又能够使产品的造型、功能、技术三者间高度融合。ABS 产品模型制作包括很多技术环节，每一个加工工艺和制作技术都需要我们认真对待，才能生产出令人们满意的产品。随着科技和制作实践不断进步，相信可以不断改进制作材料和工艺，使 ABS 产品模型在工业设计活动中发挥出更大的作用。

4.ABS 工程塑料板加工方法

ABS 工程塑料板加工的主要方法有：切割、粘贴、拼接、压模等。ABS 工程塑料板的模型制作主要分为石膏模、压模、拼接、打磨、后期处理几个部分，模型制作的复杂与简易和我们所设计的产品外形的难易有关。首先，我们要准备：

（1）ABS 工程塑料板的模型制作工具分类

①测量类：角尺、直尺、曲线板、游标卡尺等；

②切割类：美工刀、勾刀；

③打磨类：锉刀、整形锉、砂轮机等；

④加热工具：烘箱、热风枪；

⑤钻孔工具：电钻，台式电钻；

⑥装卡工具：台钳；

⑦粘合剂：三氯甲烷；

（2）工程图与卡板制作

标准的工程图和卡板是模型制作的第一阶段，卡板将模型的误差减小，卡板结合产品的三维图来制作，在形体主要转折点和形体变化的地方测点制作，这样对产品的形态把握精准。

5. ABS 模型制作阶段

准备工作完成后，我们开始模型的制作阶段，简单来说，一般为 4 个步骤：

（1）石膏模型阶段

不是所有的 ABS 塑料板模型都要进行石膏模这一步，根据所选的产品造型决定是否开石膏模。根据产品的大体尺寸，用木板或纸板制成箱体，将搅拌好的石膏注入箱体内，等其凝固后，将箱体拆除，对石膏进行形体修整，完成的石膏模应该与所设计的产品外形一致，在石膏模型制作阶段注意：

①石膏选择上应该选取质地较细，颜色较白的石膏；

②在搅拌石膏时要求水与石膏粉的比例是 1 ： 1.4~1 ： 1.8；

③注入石膏时注意气泡，可用手或者橡胶锤拍击箱子的侧面将气泡震出。在制作复杂的模型时，石膏模需要分开做。

（2）压模阶段

在模型压模前，先进行 ABS 板裁切，将工程图放大约 1.2 倍拓在 ABS 板上，由于受热后 ABS 板伸缩性较好，所以尺寸比例要比原图大。一般进行压模的 ABS 板的厚度为 1.2mm~2.0mm。

①准备工作完成后，我们开启烘箱，将温度设置为 160℃ ~180℃之间，等待烘箱温度达到 100℃时，将裁切好的 ABS 板放入烘箱，时间大约为 2 小时；

②压模，将石膏模型放置好，在压模时，我们可阴模、阳模结合压，这样 ABS 板受力均匀，在压膜之前，必须佩戴好隔热手套，高温的 ABS 板会将手烫伤，快速地从烘箱中取出 ABS 板，将其放在石膏模上，可用阴模按压，也可用手进行按压，速度要快，室温会使软化好的 ABS 板迅速降温，在压模过程中，使用力度要均匀，否则软化好的 ABS 板会由于受力不均变形和扯断。

（3）切割拼接打磨阶段

①在石膏模压模结束后，由于受力和在压模过程中的拉扯，ABS 板会有许多余量，我们可用工具将其切割掉，一般用线锯，将大部分余量切除后，再用钢挫进行边角的打磨，直到符合尺寸图为止，用勾刀切割后可直接用钢锉打磨，注意在打磨时，要注意力度和方向，用力不均边缘会出现凹坑。

②拼接是将切割好的 ABS 板黏合在一起，通常用来黏合 ABS 板的是三氯甲烷，使用三氯甲烷黏合塑料不是因为它挥发后能很好地附着在塑料表面，与其有较强的结合力，而是因为三氯甲烷将需要黏合的塑料表面发生溶解，并在外力的作用下，紧密贴合，在溶剂挥发后，溶质将接缝空隙填满，从而使其成为一个整体。在用三氯甲烷时，一般是吸入注射器，用针头将三氯甲烷注入接缝中。如果模型较大，转角处大，我们就要在黏合时在模型内部加上加强筋，制作比较简单，可将不用的 ABS 板切割成长条，用热风枪吹出符合模型内部的弧度，将其粘在内部，既固定整体，又利于接缝粘结。在拼接时，把大部分拼接出来就可以，方便后面的打磨阶段。

③打磨是一项枯燥繁琐的过程，由于压模和拼接过程中，会在 ABS 板上留下痕迹，所以我们要将这些痕迹清理掉，通常可用原子灰（俗称腻子）将凹坑和划痕填平，原子灰是一种嵌填材料，与

固化剂按一定比例混合，具有易刮涂、常温快干、易打磨、附着力强、耐高温、配套性好等优点。在涂抹原子灰要注意：固化剂（过氧化物）按重量比 100 ：1.5~100 ：3 调配而成；ABS 板表面无杂质，易于涂抹；涂抹原子灰时，不要配多，原子灰会短时间固化，现用现配。打磨时注意原子灰必须完全固化，潮湿的原子灰会附着在锉刀的凹槽内，缩短锉刀的使用寿命。ABS 板打磨顺序是锉—粗砂纸—细砂纸—水砂纸，随着水砂纸打磨的结束，表面会变得光滑，而检验表面光滑的方法是喷底漆，在油漆的作用下，表面的瑕疵会立马显现出来，这就要我们再补原子灰，再打磨。

（4）喷漆后期制作

打磨完成后，我们进行最后的组装，将大部件组装在一起，拼装完成后开始喷漆，一般选用自喷漆，喷漆时将周围打扫干净，喷涂以前建议选择类似产品进行模拟试验，以达到预期效果。使用前，均匀上下摇晃产品 2 分钟，利用内置玻璃球搅匀油漆和气体，距离模型表面 250mm~350mm 压下喷头，均匀移动喷漆罐，以达到一条喷漆带，上下喷涂，产生喷涂面，切忌在一个点连续喷涂，将造成倒流现象。使用完毕后，若罐内有剩余，必须进行倒喷，即罐体倒置按压 2~5 下喷头，以利用气体清洗管道内剩余气体，否则该产品可能在 1 小时后堵罐而报废。当模型是套色方案时，可用纸将不同的色块包住，再进行喷漆。模型的装饰部分可在制作模型时做好，模型完成时打印出来，装裱在模型上，这是完整的模型。

（5）结论

综上所述，产品模型制作是帮助设计师认识产品，完善产品的有效途径。在 ABS 工程塑料板的模型制作中，可以完全做出仿真实物，外观与实物无差别，是一项既经济又高效的模型制作方法，随着科技不断进步，模型的制作方法和加工工艺会随之革新，希望模型制作在以后的产品设计过程发挥出更大的作用，设计师能够更方便快捷地完善产品创意。

○ 3.3.3 玻璃钢模型的制作要点

玻璃钢的成型工艺有机械成型和手糊成型两种。机械成型如挤出成型、缠绕成型、层压成型、模压成型、喷射成型、浇注成型、RTM 成型等，无论使用何种成型方法，要将黏稠可流动的树脂加工成所需的形态，都需要将其放置在负形模具中成型。

对于工业设计的仿真模型来说通常选择手糊成型方式，主要在于手糊成型工艺具有以下几方面的优点：一是因为手糊成型，无需专业设备，投资少，是所有工艺中成本最低、见效最快的成型方法。二是生产技术容易掌握，依靠模具和简单的工具，经过短期培训，就可以操作和生产，但模型质量与操作者的认真、细致的程度关系十分密切。三是所要制作的模型一般不受尺寸、形状的限制，尤其是对一些异型、复杂和体积较大的模型更为合适。四是据产品模型设计要求，可以在不同部位任意增补增强材料，与金属、木材、泡沫、塑料及其他固体物进行复合和夹心，制成整体结构。

图 3-40 标准原型

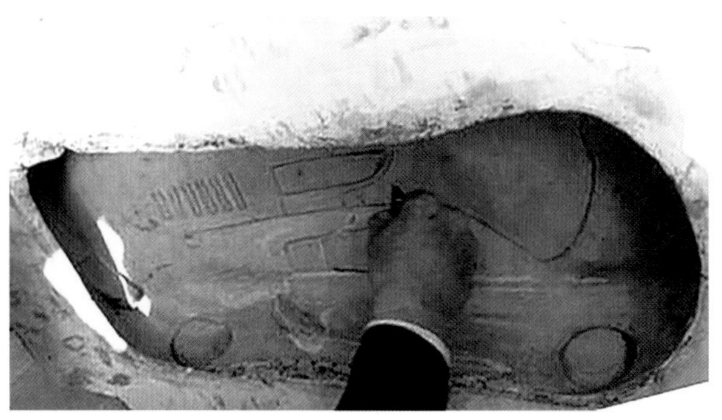

图 3-41 石膏阴模

下面以“概念车”设计为例，介绍玻璃钢手糊成型的工艺与方法。

1. 模具准备

在产品黏土概念模型标准原型塑造成型后（图 3-40），在其表面涂刷 1~2 遍脱模剂，形成隔离层，浇注石膏浆，凝固脱模后，得到翻制树脂模型的母模模具，也称阴模或胎模（图 3-41）。母模的特点是向内凹陷，其内壁的形态就是树脂模型表面的形态，由于树脂模型的修改、打磨难度较大，因此需要尽量将石膏母模的形态、尺寸加工精确，表面修整光滑，越接近最终要求越好。

对于形态复杂的产品模型，在树脂凝固后可以毁坏石膏母模，得到树脂模型。如果需要复制多件树脂模型，为方便取出树脂模样，可将母模做成几部分，然后拼装而成，这种模具称为组合模具，其结合面称为分型面。

分型的基本原则和其他需要脱模的模具一样，都把最高点作为分型依据，大量的点连接成为分型线，由分型线延伸即可得到分型面。选择分型面时尽量做到既保证模型质量，又简化操作工艺。通常考虑以下几个方面：

（1）分型面的数目应少且分型面应为平面。

（2）分型面的选择应有利于各母模安放稳固，便于各母模的连接、安装及尺寸检查。

（3）分型面一般不取带圆弧的转角处，由于收缩率等原因导致相邻模型尺寸误差，连接时容易出现错位。分型线确定好以后，用塑料薄片制作的分型片被逐一沿分型线垂直插向油泥模型内。各片之间适量重叠以有效分割油泥模型。分型片必须露出足够的高度供糊石膏时使用，不能让石膏把它淹没。

分型片固定好以后，将石膏分几次糊上油泥模型，最里面的石膏需要精确地复制油泥模型已形成凹模的工作面，因此不能掺入棕丝一类的增强物体，也不能太干，用手适当施压把石膏贴紧油泥模型，以尽可能保证其细腻的复制功能。石膏表面保持参差不齐形状不必刮平，有助于后续石膏的可靠结合。

当第一层石膏基本晾干时可以糊第二层，此时可以掺入增强材料以增加母模的强度，防止石膏母模型断裂。通常采用的增强材料有麻绳、棕丝等纤维物体而不用玻璃布，主要是因为玻璃布与石膏互不浸润，结合力小。对于体积较大、达到一定自重的石膏母模还要采用更可靠的加强措施，和制作大型玻璃钢雕塑的制作方法一样，采用钢筋增强。首先需要按石膏母模的外形弯制钢筋并焊接成支撑架，再糊上掺入增强纤维材料的石膏，使钢筋最终嵌入凹模中成为其中牢固的组成部分，当石膏完全干透时模具就获得了足够的强度。在石膏干透后，取下各部分石膏母模。然后对母模内壁、边缘等细节进行仔细修补。一个完善的石膏母模可以节约后续很多时间。

2. 调制树脂

将一定量的树脂倒入调制容器内（容器最好选择塑料制品），先加入一定量的催化剂，慢慢地搅拌均匀，再加入一定量的固化剂，均匀搅拌后即可使用。树脂加入催化剂和固化剂后在短时间内会迅速发热凝固，所以应随调随用。

一般情况下树脂与催化剂的质量比为 100 ： 2~100 ： 4，树脂与固化剂的质量比也是 100 ： 2~100 ： 4，由于各种树脂本身的性能以及固化剂、催化剂的类别相差很大，使用时应参考产品包装上的使用说明，并根据气温情况投放固化剂、催化剂的用量。初次使用时一定要先进行样本固化试验，具体操作方法是在一定的室温环境中取定量的不饱和聚酯树脂分别放入三个容器中，先按 100 ： 2，100 ： 3，100 ： 4 的质量比例将催化剂分别投入三个容器并与树脂充分搅拌均匀，继续按 100 ： 2，100 ： 3，100 ： 4 的质量比例将固化剂分别投入三个容器之中并搅拌均匀。然后分别涂刷在石膏块上，进行分组样本固化试验，从投入固化剂以后开始计时，观察每个石膏块上树脂的固化时间并详细记录，一般凝固时间在 30~90 分钟比较合适。通过样本固化试验掌握树脂配比与固化速度的关系，可以有效控制加工操作时间以获取理想的制作效果。

（1）玻璃钢模型需要多遍裱糊过程才能完成，每次调制树脂要按照下述步骤进行操作

①称量一遍裱糊所需树脂的重量，将树脂倒入塑料容器中。

②按比例用天平分别称量出催化剂、固化剂的用量。先将催化剂放入树脂中并充分搅拌均匀。在树脂中加入一定量的填充材料，可以改变树脂的密度和颜色，还可以产生特殊的肌理，树脂模型的颜色可以得到改变。常见的填充料有石膏粉、滑石粉、石粉、钛白粉、玛瑙粉等，当加入滑石粉和钛白粉时，树脂的颜色可变为与石膏相近的不透明白色，易于表面涂饰。加入适量的填充料后将其与树脂搅拌均匀。

③最后将固化剂放入树脂中充分搅拌均匀随即开始裱糊操作。

（2）注意事项

①加入固化剂的量大，凝固速度快，易成型。反之，加入固化剂的量小，凝固速度慢，不易成型。由于加入固化剂后，产生化学反应而发热，会产生收缩和变形，因此固化剂的用量要适当。

②在调制搅拌树脂的过程中会产生许多小气泡，固化后的树脂内部与表面会产生许多不必要的空洞，影响模型质量。工业生产中经常采用真空机来抽出空气。所以在手工搅拌树脂时就需要格外小心，应尽量顺着一个方向均匀慢速地搅拌，从而减少气泡的产生。

③固化剂与催化剂应当分放保存，若两者相混会发生快速反应容易出现危险。

3. 涂刷脱模剂

在涂刷脱模剂前，应该对模具进行再次检查，清除杂物，然后在模具上刷涂二至三遍的脱模剂（图 3-42），使石膏母模与树脂模型之间形成一层光滑的隔离层，使脱模时两者易于完好分离，涂刷脱模剂时特别要注意一些死角的位置，比如尾灯、车窗拐角等部位。

4. 树脂裱糊成型

（1）涂刷脱模剂完成以后就可以进行第一遍树脂的刷涂。用毛刷蘸取已调好的树脂均匀地在模具内表面涂刷一遍，使模型表面挂一层胶衣（图 3-43）。内表面中有沟槽、凹陷的地方一定要将树脂充斥进去，第一遍树脂刷涂的好坏直接影响模型的表面质量。值得注意的是涂刷树脂的刷子不能用涂刷脱模剂的刷子，刷涂完后一定要马上清洗刷子并擦干，否则会影响第二遍刷涂树脂，导致翻制的玻璃钢模型对里面形成空隙。

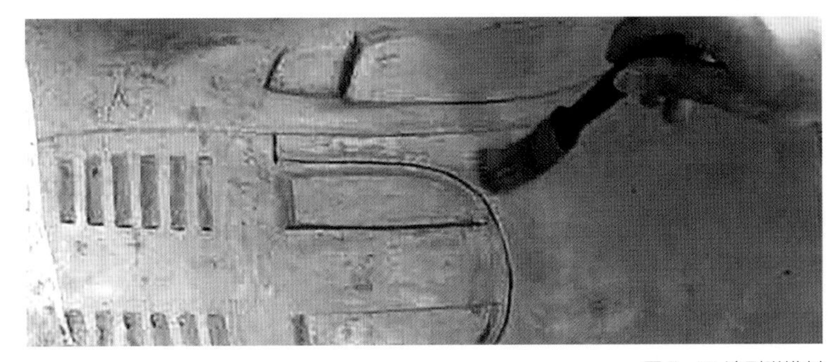

图 3-42 涂刷脱模剂

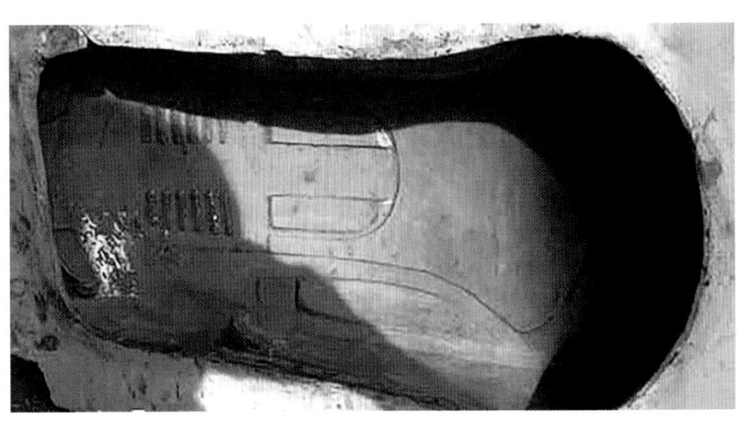

图 3-43 第一遍树脂涂刷

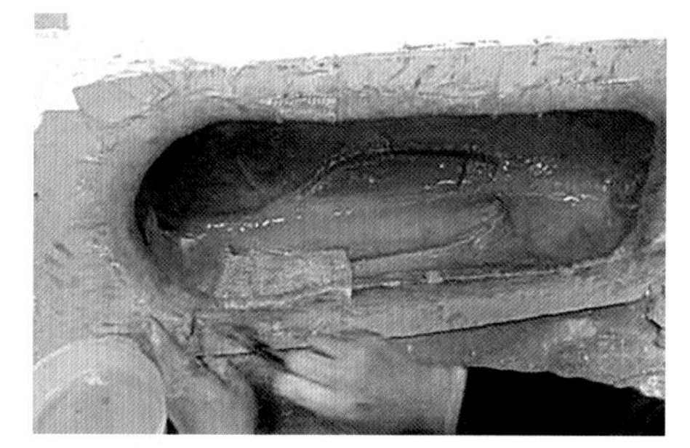

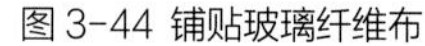
图 3-44 铺贴玻璃纤维布

图 3-45 玻璃纤维布铺贴完成

（2）树脂基本凝结后，重新调制适量的树脂，开始第二遍树脂刷涂。先用油画刀挑取树脂在局部刮抹平整，将玻璃纤维布裁剪成相应的形状铺贴在刚才刮抹的树脂上（图 3-44），继续用油画刀轻轻将玻璃布刮平。裁剪玻璃纤维布时留出余量，使得布与布之间相互搭接，一般搭接宽度不小于 30mm，尽量不在棱角处搭接，受力处可增加布层，但每次铺贴布层一般不要超过两层。铺贴时要均匀平整，不要产生皱褶。玻璃纤维布铺贴完成的模型（图 3-45），再用毛刷在玻璃纤维布上涂刷第二遍树脂，涂抹均匀，树脂要渗透玻璃纤维布，否则易产生分层现象，使强度下降。操作时用刷子在无纺玻璃布上轻缓移动，不能来回刷，以防玻璃布随刷子滑动，且石膏模型的死角一定要贴上玻璃布。

（3）为了提高产品的强度，有时在产品中埋入加强筋。应在铺层达到 70% 以上时再埋入，这样不至影响表层质量。埋入件不论是金属还是木材，都要进行去油、洗净。为防止位移，要加以固定。

（4）糊制时沿布的经向和纬向用力，朝一个方向赶走气泡，或从中间向两头赶走气泡。使布层贴紧，含胶量均匀。

（5）根据需要反复铺贴玻璃纤维布和涂刷树脂液，直到所需要的厚度为止。其厚度应根据模型的体量需要来确定，使壳体达到使用的强度要求，一般情况下为 2mm~3mm。模型越大，所需厚度就越厚。铺贴涂刷时，要铺贴紧密，树脂涂刷充足。

5. 固化

树脂裱糊操作完成后，将模型放置通风干燥处，让其自行固化。手糊玻璃钢脱模时间一般不少于 24 小时，也可用加热器等提高环境温度，通常在 60℃ ~80℃的环境下，脱模时间可缩短为 2~3 个小时。影响固化时间的因素有很多，一方面催化剂与固化剂加入的量不同对树脂固化时间影响非常大，另一方面由于催化剂和固化剂保存方式不当或者生产时间过久等方面的原因导致使用效果变差，以致树脂无法凝固或者凝固时间长达几天的情况也时有发生，后果严重者会导致母模作废。因此，为了保证模型制作的正常进度，模型制作前必须提前做固化试验，这样可以较为准确地掌握固化时间。

6. 脱模

脱模是将树脂模型从石膏母模中分离的过程。脱模时先用木槌或橡皮槌轻敲石膏母模四周，尽量通过振动使其与树脂模型分离，如果此时不能顺利分离，可用油画刀等金属薄片在母模与树脂模型接触的边缘刻去小量石膏，将油画刀沿两者接触面插入一定深度，然后按住树脂模型内壁与油画刀轻轻拔出树脂模型。在形态复杂或实在不好脱模时，也可毁掉石膏模具取出树脂模型（图 3-46）。

7. 修边

树脂模型脱模后应仔细地清理模型表面的石膏残渣，清理后的模型（图 3-47），用美工刀、勾刀、剪刀、锯削工具或砂轮等工具沿模具边缘将多余的毛边去除，再用打磨机、砂纸等将边缘打磨平齐。

图 3-46 脱模

图 3-47 玻璃钢模型

8. 拼接壳体

对于组合模具成型的树脂模型需要将它们准确拼接组成完整的壳体零件，拼接时要注意定位正确及拼接牢固美观两个方面。定位可以借助原来的石膏母模为依靠，将原树脂模型放入石膏母模中，再将母模拼合在一起对齐合模线拼接成型，用线绳将石膏捆绑结实防止松动。之所以先进行脱模，又放进母模进行拼接是因为如果先拼接后脱模，脱模难度将会加大，容易损伤模型。当然也可以借助其他辅助工具进行拼合与固定。壳体拼接好后，调制少量树脂，将玻璃丝剪成小段放入树脂内搅拌，然后裱糊在模型内壁的接缝处，等待固化后各部分便粘结成完整的壳体零件。

图 3-48 修补打磨后的模型

9. 模型修整、表面处理

拼接完成后需要把模型整体修整一次，包括接缝和边缘锉齐、明显的突起，如树脂和杂质形成的颗粒和鼓包磨平等，并对车窗、尾灯等细节进行细致的刻画。一些凹下的缺陷通过补腻子时逐个解决。操作时要注意安全、谨防毛边刺伤手（图 3-48 至图 3-50）。

图 3-49 表面喷漆

图 3-50 最终效果

3.4 木模型

○ 3.4.1 木材的材质分析

1. 木材的特点

木材是一种优良的造型材料。从古至今，它一直是最常用的传统材料。随着工业加工技术的进步，木材得到更广泛的应用，成为现代化经济建设的重要材料之一，也是模型制作中的常用材料。木材作为天然资源在自然界面积大、分布广、取材方便，并具有质轻而坚韧、富有弹性，纹理美观、色泽自然悦目，加工性能优良等综合特性。

（1）优点

①质轻

木材由疏松多孔的纤维素和木质素构成，所以它的密度比金属、玻璃等材料的密度要小得多，因而质轻坚韧，并富有弹性。

②纹理美观，色泽自然悦目

木材具有天然的色泽和纹理。不同树种的木材或同种木材的不同材区，都具有不同的天然悦目的色泽。如红松的心材呈淡玫瑰色，边材呈黄白色；杉木的心材呈深红褐色，边材呈淡黄色等。又因年轮和木纹方向的不同而形成各种粗、细、良、曲形状的纹理，经旋切、刨切等方法还能截取或胶拼成种类繁多的花纹。

③对热、电、声的绝缘性好

木材是一种多孔性材料，具有良好的吸音隔声功能。木材的导热系数小而电阻大，全干木材是良好的隔热和绝缘材料，但随着含水量增大，其绝缘性能降低。

④加工性能优良

在常规状态下，木材塑性变形非常有限，木材在顺纹理拉伸断裂时几乎不显塑性。这是由于木材细胞壁的构造是以纤维素所组成的微纤维为骨架，这种骨架成为抵抗外力的有效体系，具有非常好的抗变形功能。

木材易锯、易刨、易切、易打孔、易组合加工。木材具有很好的可塑性，木材蒸煮后可以进行切片，在热压作用下可以弯曲成型，木材可以用胶、钉、榫眼等方法较容易牢固地接合。

⑤表面涂饰性较好

由于木材的管状细胞易吸湿受潮，故对涂料的附着力强，表面易于着色和涂饰，有较好的装饰性能。

⑥各向异性

木材是具有各向异性的材料，其性能在径、横、弦截面上都有差异，加工及使用中应加以考虑。例如木材在纵向（生长方向）的强度大，是有效的结构材料，但其抗压、抗弯曲强度较差。

⑦具有吸潮性

木材由许多长管状细胞组成。在一定温度和相对湿度下，空气中的蒸汽压力大于木材表面水分的蒸汽压时，木材向内吸收水分（吸湿性）；相反，则木材中的水分向外蒸发（解吸）。因此，木材不易出现结露现象。同时由于木材的纤维结构和细胞内部滞留有空气，受温度变化的影响不明显，因此热膨胀系数极低，不会出现受热软化、强度降低等现象。

（2）缺陷

①天然缺陷。如木节、斜纹理及因生长应力或自然损伤而形成的缺陷。木节是树木生长时被包在木质部中的树枝部分。原木的斜纹理常称为扭纹，锯材的斜纹理则称为斜纹。

②生物危害的缺陷。主要有腐朽、变色和虫蛀等。腐朽和虫蛀的木材不允许用于结构。

③干燥及机械加工引起的缺陷。如干裂、翘曲、锯口伤等。这些缺陷会降低木材的利用价值。影响结构强度的缺陷主要是木节、斜纹和裂纹，为了合理的使用木材，通常按不同用途，限制木材允许缺陷的种类、大小和数量，将木材划分为不同等级使用。

④易变形、易燃、易腐朽的缺陷。木材由于干缩湿胀容易引起构件尺寸及形状变异和强度变化，发生开裂、扭曲、翘曲等弊病。木材的着火点低，容易燃烧。木材受真菌的侵害，细胞壁易被破坏致使材色改变，并变得松脆易碎，使强度和硬度降低。

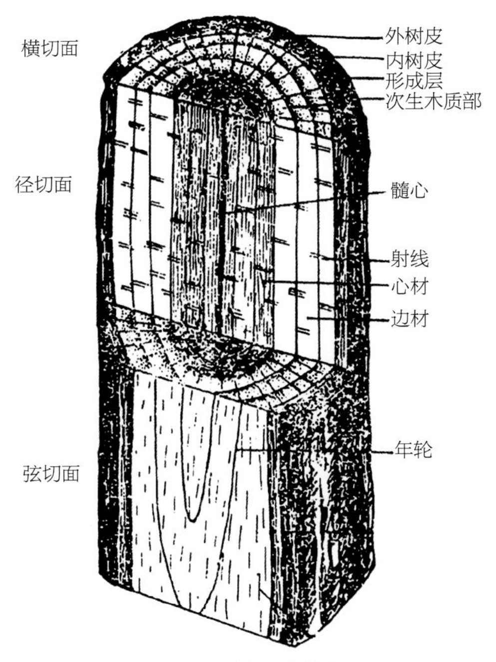

图 3-51 树干内部结构

2. 木材的构造

木材是由树木采伐后经初步加工而得。木材主要取自树木的躯干部分，树干由树皮、木质部和髓心三部分组成。由于木质部的纤维组成与排列不同构成了木质部的异向性。从横切面、径切面和弦切面三个面可以清楚地看出它们的不同构造，可根据模型制作的需要加以选择和利用（图 3-51）。

（1）横切面

由垂直于树木生长方向锯开的切面称横切面（或称横断面）。木材在横切面上硬度大，耐磨损，但易折断，难刨削，加工后不易获得光洁的表面。

（2）径切面

沿树木生长方向，通过髓心并与年轮垂直锯开的切面称径切面。在径切面上木材纹理呈条状且相互平行。径切板材收缩小、不易翘曲、木材挺直，牢度较好。

（3）弦切面

沿树木生长方向，但不通过髓心锯开的切面称弦切面。在弦切面上形成山峰状或“V”字形木纹纹理，花纹美观但易翘曲变形。

○ 3.4.2 木模型制作工艺与方法

1. 制定木模型制作工艺方案

木模型制作首先需要根据其使用要求、造型特征、构造特征等，制定相应的工艺方案，首先将整个模型分成若干个构件，确定各个构件之间的连接方式，然后确定各个构件的使用材料以及各个构件的形状、尺寸、公差、加工精度、表面粗糙度等方面的技术要求，再根据技术要求确定加工方法和加工工序，工序之间最好能够相互联系，且能在下一工序里面反映出上一工序的漏洞，最后计算完成时间。工艺方案是模型制作的基础，细致准确的工艺方案是模型顺利完成的保证。

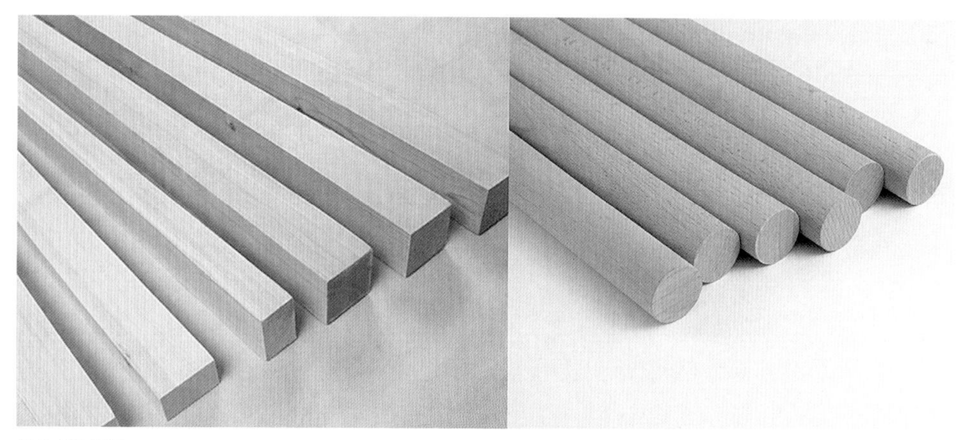

图 3-52 配料

2. 配料

通常木模型中各个构件的形状、尺寸、规格和用料等技术要求是不同的。根据构件的形状、尺寸与工艺技术要求，将原木、型材或人造板锯割成各种规格毛料（或净料）的加工过程称为配料（图 3-52），这是木模型制作的第一道工序。配料时应根据木模型的造型表现要求而进行。

按构件在木模型上所处部位及受力程度等方面的要求，合理地确定各构件所用的树种、纹理、规格等技术指标。配料时，构件的毛料要留足加工余量，一般厚度和宽度的加工余量为一面光的构件留 3mm，两面光的构件留 5mm、木板留 3mm~5mm、拼板每条板缝加宽 6mm~8mm。加工余量还应随着木料的长短、种类的不同而各异，长料留多一点，短料留少一点；易变形料多留点，不变形料少留点；主料多留点，次料少留点。加工余量留得过多会浪费木料，留得太少，难以成器。

因此，初学者多留一点，有经验的、技术较高的可少留些。在配料时，应尽量避开木节、虫眼、裂纹、变质等缺陷，木材颜色和纹理应基本一致。

3. 构件加工

（1）常用工具与设备

常用的制作木模型的工具有：量具、画线工具、锯削工具、刨削工具、凿削工具、钻孔工具、锉削工具、打磨工具、涂饰工具等。

①量具

常用的量具有钢卷尺、钢直尺、角尺、三角尺、圆规、活动角尺、曲线板、椭圆板、蛇形尺等。量具用于对木模型的尺寸、位置、形状的测量与画线。

②画线工具

常用的画线工具有墨斗、划子、铅笔等。画线工具用于木模型制作过程中的平面画线与立体画线。

③锯削工具

常用的锯削工具有框锯、刀锯、槽锯、板锯、曲线锯、钢丝锯、钢锯、手提式电动曲线锯、台式电动曲线锯、手提式电动圆盘锯、台式电动圆盘锯等。锯削工具主要用于木模型制作过程中锯削各种形状的木料。

④刨削工具

常用的刨削工具有平底刨、圆底刨、轴刨、平槽刨、边刨、球形小刨、手提电刨、木刨床、磨石、昌牙子等。刨削工具主要用于木模型制作过程中刨削木料。

⑤凿削工具

常用的凿削工具有平凿、圆凿、宽刃凿、斧头、羊角锤等。凿削工具主要用于木模型制作过程中凿眼、挖空、剔槽、铲削等方面的制作。

⑥钻孔工具

常用的钻孔工具有手电钻、钻床、开孔器等。钻孔工具主要用于木模型制作过程中对木料进行钻孔加工。

⑦锉削工具

常用的锉削工具有粗齿木锉刀和细齿木锉刀。锉削工具主要用于木模型制作过程中锉削木料。

⑧打磨工具

常用的打磨工具有砂轮机、平板砂磨机、角磨机、抛光机、砂纸、自制打磨各种形状的工具等、打磨工具主要用于木模型制作过程中对模型表面及零部件进行打磨、抛光处理。

⑨涂饰工具

常用的涂饰工具有气泵、喷枪、羊毛板刷等，涂饰工具主要用于木模型制作过程中对模型表面进行表面涂饰处理。

（2）辅助工具与辅助辅料

常用的辅助工具与辅助材料有刮板、白乳胶、涂料、稀料、腻子、染色剂等。

①刮板用于刮抹透明腻子、水腻子、油腻子、原子灰等。

②白乳胶用于木构件连接处，以增强其粘结强度。

③涂料主要有透明油漆、各色油漆、罐喷漆等，用于涂饰塑料模型表面。

④稀料主要有硝基稀料、醇酸稀料等，用于稀释涂料。

⑤腻子主要有透明腻子、原子灰等。透明涂饰中使用透明腻子填补木材自然裂痕，不透明涂饰中使用水腻子、油腻子、原子灰等将木材的疤痕、裂缝、接口部位补齐、攒平。

⑥染色剂主要有黑纳粉、黄纳粉等，用水将其调和成溶液。定量的黑纳、黄纳与不定量的水相互调合后会产生多种近似颜色。将溶液涂刷于木模型表面既能改变表面颜色，更能透明保持木材的自然纹理。

上述工具都是木模型制作的常用工具，根据模型的形态、尺度的不同，所需要的工具也不尽相同，因此需要根据具体情况选择工具。

（3）构件的加工

①板材构件加工

A. 一次画线

一次画线（也称毛料画线）用以确定锯削下料的基础，一次画线时必须留有加工余量，根据加工者技术熟练程度的不同，所留的加工余量也有所不同，一般留有 2mm~5mm 的加工余量，一次画线分为直线画线和曲线画线。

a. 直线画线：大尺寸构件常用墨斗画线（图 3-53），小尺寸常用直尺、角

图 3-53 墨斗画线

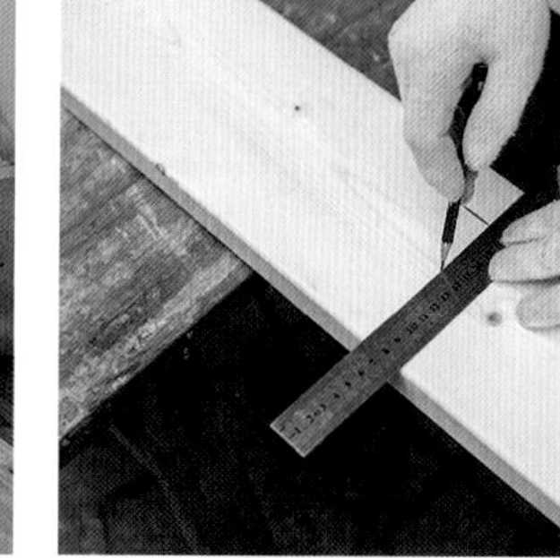

图 3-54 角尺画线

尺等工具为依靠，用划子蘸墨画线，也可以用铅笔画线（图 3-54）。

b. 曲线画线：规则的几何形状可以用几何作图的方法进行画线。对于不规则图形，可以从计算机模型中提取轮廓线，按照比例打印出线图，然后在板材上平铺一张复写纸，用透明胶带固定，将打印图纸平铺其上，注意保持图纸不要变形，并用透明胶带固定，再用铅笔将图纸上的轮廓线复制到板材上，然后去掉图纸和复写纸，用铅笔将轮廓线描绘清晰。或者也可以直接在图纸背面的轮廓线处涂抹粉笔灰代替复写纸进行轮廓线复制。此时的轮廓线是零件最终轮廓界线，在锯削下料过程中要始终保留轮廓线，并留出 2mm~3mm 的加工余量。

B. 锯削下料

a. 沿直线边缘下料

下料的常用方法是锯削，沿直线边缘下料常选用板锯、框锯、钢锯、手提式电动曲线锯等锯削工具进行锯削下料（图 3-55、图 3-56）。锯削时尽量保持用力均匀、平稳，这样既能防止锯条的损坏又有利于锯缝的平整，使用电动工具时更要均匀用力，防止伤人与损伤构件或工具。使用手提式电动曲线锯沿直线下料时，使用靠模，也就是通常说的靠山板，就可以保证精确直线锯割。若想减少木材切断面起毛，可使用刀口板。

b. 沿曲线外轮廓边缘下料

对于 4mm 以上的木板材通常使用手提式电动曲线锯沿曲线外轮廓边缘外侧下料，并留出 2mm~3mm 的加工余量。在锯割工件时，底座必须贴紧于工件表面，而锯条必须保持直角。如果底座与工件分离，会造成锯条断裂。沿着事先划好的切割线向前轻轻推进工具，不得使劲用力推压，

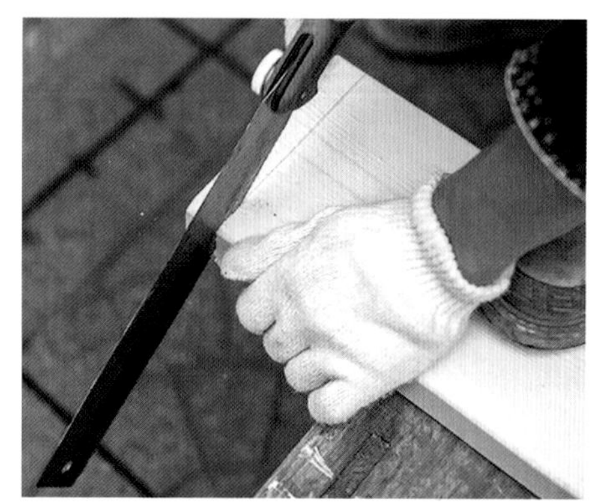

图 3-55 板锯下料

图 3-56 曲线锯下料

不要过于用力歪曲地推锯切割。锯割薄板时，如遇到反跳现象，要夹牢薄板。如果遇到尖锐的拐角，锯条不能转弯通过时，应该将锯条进退几次，锯出较宽的锯缝再向前锯削。也可以事先在拐角的外侧用钻床或手持电钻钻一个 10mm 的孔，以便锯条通过。

对于 4mm 以下的木板材通常使用台式电动曲线锯沿曲线外轮廓边缘外侧下料，并留出 2mm~3mm 的加工余量。加工时将压板调整到较低的位置，使其有较大的力量压住工件。同时还要能推动工件，推进时务必扶稳工件缓慢进行。推动工件时，要用力均匀、平稳，速度缓慢，匀速移动，防止锯条折断，锯条保持垂直不能倾斜，否则会走形，也容易折断锯条。

台式曲线锯的加工精度较高，操作方便，但加工工件的厚度有限，工件的尺寸也受到工作台面的限制，没有手提式电动曲线锯灵活。钢丝锯与圆规锯属于手动工具，加工效率要低一些，也可用于曲线加工。钢丝锯可用于复杂曲线切割，圆规锯适用于在板材上开内孔和大曲线弧的锯削。这几种锯的工作原理、使用方法、锯削工艺基本相似，因此在锯削时应根据需要进行选择。

c. 沿曲线内轮廓边缘下料

使用各种曲线锯沿曲线内轮廓边缘内侧下料，并留出 2mm~3mm 的加工余量。首先在内轮廓边缘的内侧用钻床或手持电钻钻一个孔，将锯条从其中穿过，安装好锯条后参照上述方法沿内轮廓边缘进行锯削加工。

C. 二次画线

通过锯削下料加工后，木板的边缘还很粗糙，尺寸达不到零件的技术要求，还需进行精细加工，在精细加工前，对于直线和规则的几何形状工件需要对毛坯零件进行二次画线（图 3-57），作为精细加工的轮廓界线。

图 3-57 二次画线

下料后毛坯零件边缘比较粗糙，尺寸达不到零件的技术要求，还需要对木板的边缘进行精细刨削加工，俗称刨边。刨边时通常使用平底刨、圆底刨、轴刨、球形小刨、手提式电刨、木工刨床等刨削工具对毛坯工件的内外轮廓边缘进行修平、倒角等加工处理，逐渐加工至轮廓界线，达到形状要求（图 3-58 至图 3-60）。

图 3-58 木工刨刨边

图 3-59 电刨刨边

图 3-60 刨床刨边

图 3-61 基准面加工

②方材构件加工

参照前述板材构件一次画线的方法进行一次画线。

参照前述板材构件锯削下料的方法进行锯削下料。

对方材毛料进行平面加工得到具有所需要的基本形状、尺寸和表面粗糙度的木制品构件，称之为构件的基本形加工。配好的方材构件毛料，应按先后次序刨光，要求材面要光，棱线要直，材面夹角符合要求，无翘曲变形。刨料时，先刨大面，后刨侧面。根据构件的净料尺寸，以先刨好的两面为基准，分别画出相对面的平行线，木工叫“复墨”，这是方材构件加工的第二次画线。然后再刨两个相对面。刨削后的方材木料尺寸应符合要求。

方材构件的基本形加工的步骤如下。

A. 基准面的加工

为了获得方材构件正确的形状、尺寸和光洁的表面，并保证后续工序定位准确，必须对毛料进行基准面的加工（图 3-61），它是后续加工的尺寸基准。一般尽可能选择较大的或较长的平面为基准，把它先加工好，作为检验时的基准比较可靠。基准面加工可利用手工平底刨或在平刨床、铣床上完成。刨平面时，选用木材平直和不翘曲的一面，先用地平刨进行粗加工，快速去除凸出的部位，当基准面基本平整后，再用细平刨修刨至平整，平面的平面度可以用直尺以透光法来进行检验，直至修刨合格后，即作为第一基准面，然后刨削与之平行的面作为第二基准面。不允许在基准面加工未达要求前就急于去刨削其他平面。

B. 相对面的加工

方材基准面加工完成后，以基准面为基准进行第三次画线，加工其他几个表面，最后获得平整、光洁、符合技术要求和尺寸规格的木制品构件（图 3-62）。刨削与基准面相垂直的面至平面度、表面粗糙度和垂直度达到图样要求。垂直度误差可用 90° 角尺以透光法检验。经过反复的检验和修刨，最后便可达到要求。刨端面时，先要在端面的边缘处倒角，用粗刨刨到基本平直，然后用细刨从两头朝中间刨，这样做的目的是防止木材劈裂。

图 3-62 相对面加工

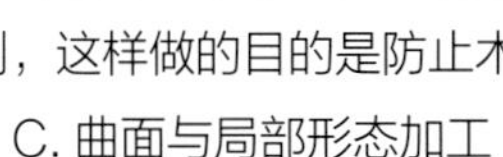

C. 曲面与局部形态加工

a. 圆弧面加工：圆弧面常用圆底刨进行加工。

b. 单曲面加工：单曲面常用轴刨进行加工。

c. 球面加工：球面常用球形小刨进行加工。

d. 薄板内曲面加工：薄板内曲面加工常用电动曲线锯、台式曲线锯锯出大形，再用木锉刀修形，最后用砂纸打磨光滑。

e. 开槽加工：开槽常用平槽刨、边刨、铣床等进行加工。

f. 铣花边：铣花边常用的工具是电动雕刻机、铣床、修边机等，加工时应根据需要选择不同规格的花边刀具或不同形状的铣刀。

g. 雕花加工；雕花常用木刻刀、电动雕刻机、电脑雕刻机等进行加工。

h. 钻孔加工：钻孔常用钻床、手电钻等配合麻花钻头、木工开孔器等进行加工（图 3-63）。对于小构件常用钻床进行钻孔加工，对于较大构件或者不便于钻床装夹的构件则用手电钻进行钻孔加工。木模型制作中经常需要对圆棒榫孔、螺栓孔、连接件安装孔等进行钻孔加工。钻孔时要根据实际使用要求，准确地定位，控制孔间距离的精度，否则无法装配。

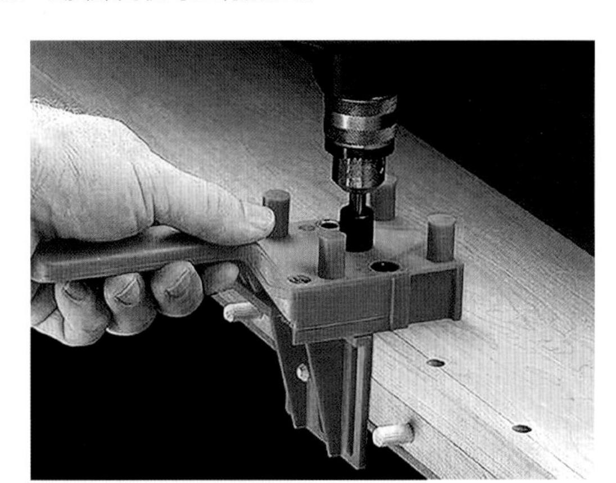

图 3-63 钻孔

○ 3.4.3 木模型的喷涂工艺

模型涂饰的目的在于保护和美化。木模型表面覆盖一层具有一定硬度、耐水、耐候等性能的膜料，使其避免或减弱阳光、水分、外力、化学物质和虫菌等的侵害，防止模型屈曲、变形、开裂、磨损等，延长其使用寿命，赋予木模型一定的色质、光泽、质感和图案纹样，使其形、色、质完美结合，给人以美好、舒适的感受。

涂饰是按一定工艺程序将涂料涂覆在木模型表面上，并形成一层漆膜。按漆膜能否显现木材纹理分为透明与不透明，涂饰工艺按其光泽度高低可分为亮光、亚光涂饰工艺。尽管涂饰材料品种繁多，涂饰方法多种多样，被涂木模型的基材不同，造型千变万化，但有共同的规律可循，即整个涂饰工艺过程主要包括表面处理、涂饰涂料两大部分。

图 3-64 透明涂饰

1. 透明涂饰工艺

透明涂饰就是利用无色透明的清漆涂饰模型，形成透明的涂膜，以使被涂面基材的质感、纹理、色彩很清楚地被渲染出来的一种涂饰，可以更好地表现出木材的天然美。透明涂饰的工艺技术比其他任何类型的涂饰（如任何制品的不透明涂饰、模拟花纹涂饰、珠光涂饰、爆花漆涂饰等）都要全面、复杂得多，要求也严格得多。（图 3-64）

木模型透明涂饰的特点，不仅在于它要求涂膜具有极好的装饰性、透明度及保护性，并且还要给模型染出新颖的色彩，同时又要使模型表面的天然木纹更清晰地显现出来，以更好地表现出模型的天然美。这便是木模型透明涂饰工艺技术的特点所在。木模型透明涂饰跟其他任何涂饰一样，其主要技术包括表面处理与涂饰涂料两大部分。

（1）表面处理

被涂木模型表面是否平整光滑、洁净，是否有色斑、胶痕、树脂等缺陷，对涂饰的质量有着直接的影响。为此，涂饰时先要对被涂面进行各种必要的处理，才能涂饰涂料。木材表面处理主要包括去树脂、脱色、除木毛、嵌补洞眼和裂缝等技术处理。

①去树脂

不少木材含有树脂，表面呈油腻状，严重影响木材染色和降低涂膜附着力。为此，应将木材表面的树脂与其他油迹清洗干净。常用热肥皂水和碱溶液处理。

②脱色

如果木模型表面上有天然色斑，或是被其他色素污染，会影响涂饰色彩的均匀协调性，那就需进行局部脱色处理，除去色斑或污迹。若模型需进行浅色或白色透明涂饰，而木材本身的颜色又深浅不一，或是整个表面的颜色偏深，那就得将木材表面全部进行漂白。常用的木材表面脱色的方法主要用过氧化氢、氢氧化钠和次氯酸钠等的水溶液处理。

③除木毛

木材表面经过各种切削加工，具有一定的粗糙度， 这是由于木材是由纤维构成的，无论经过怎样的精刨或细砂，总会有一些柔软的木毛附在木材表面上。一旦在木材表面涂上液体涂料，木毛就会被湿胀变硬而竖立起来，原来显得光滑的木材表面却变得粗糙了。这样就会影响木材染色的均匀性，因染料溶液会聚集在木毛的基部，形成芝麻状的白点，俗称为“芝麻白”，同时，还会降低涂膜的附着力。为此，涂饰时须先清除被涂面上的木毛。清除木毛可以用水涂刷表面，干燥后再用细砂纸砂磨掉；涂刷骨胶水溶液，干燥后再用细砂纸砂磨掉；涂刷虫胶清漆，再用细砂纸砂磨掉以及涂刷清漆；再用细砂纸砂磨掉等方法处理。

④嵌补洞眼和裂缝

一般木模型表面除木材的天然缺陷外，在加工过程中，也会产生裂缝、打眼等缺陷，这些缺陷的存在会影响模型的涂饰质量，须修整好。在涂饰施工中，常用各种填料、着色颜料调成厚浆糊状的腻子进行嵌补。由于所用的涂料不同，可将腻子分为油性、硝基、酚醛、醇酸、生漆、虫胶等多种类型。其中，虫胶腻子具有干燥快、易砂磨，模型在着色前或着色后均可嵌补等特点，故在木模型涂饰中获得广泛应用。

（2）涂饰涂料

木模型表面经过上述工艺技术处理后，便获得较好的平整光滑度，色彩差别较小，也无树脂油迹，可以进行涂饰涂料。

涂饰涂料的工艺过程包括填纹孔、染色、拼色、涂饰底漆、涂饰面漆。

①填纹孔

由于木材内部存在无数的导管，每两根导管在木材表面有两个导管孔。在木模型行业中将这个导管孔称之为纹孔，由无数纹孔形成的花纹称之为木纹或纹理。这些无数纹孔的存在不仅影响木材表面的平整度，而且涂饰到木材表面的液体涂料也会经纹孔渗透到导管中去，要损耗部分涂料，导管中的空气又会从导管中溢出到木材表面上的涂层中，使涂膜中形成许多细小的气泡，严重影响涂膜的装饰性与附着力。为此，涂饰时，须先用填纹孔涂料将纹孔填没封闭好，以防止面层涂料渗到木材导管中去，减少价格较贵的面层涂料的消耗，降低涂饰成本，同时也能提高模型表面的平整度及防止面层涂膜起泡。

填纹孔涂料一般是在涂饰时，由模型制作人员自行调配，并应在填孔涂料中加入适量着色颜料，使其颜色跟模型所需涂饰的颜色一致。因填纹孔涂料是有色物质，故在对模型进行填纹孔处理的同时也给模型着上了颜色。由于这种着色是将着色颜料填入了木材的纹孔中，虽有极少数的颜料微粒被吸附在木材表面上，但这些微粒只是跟木材机械地结合，并不跟木材纤维产生化学反应，使木材纤维本身变成新的颜色。故将这种着色称为基础着色，以与木材染色相区别。基础着色虽不能改变木材纤维本身的颜色，但可将新的颜色微粒均匀地涂覆在模型表面上，形成极薄色彩层，使模型获得一定的着色效果。

A. 用水老粉填孔：水老粉一般是用于纹孔较小的木模型填纹孔，涂饰水老粉多用手工操作。其方法是用手握一小把竹刨花或细软的纱头，蘸取调匀的水老粉，先在木模型表面横纤维方向按照螺图形轨迹进行揩涂，以使水老粉充分揩入木纹孔及缝隙中去。紧接着沿木纹方向反复涂抹，力求将木材全部纹孔填平实，并使木材表面色彩基本均匀一致；同时趁木材表面未干之前，再用较干净的竹刨花沿木纹方向将浮在木材表面上的余粉擦拭干净，务必使木材纹理清晰。

B. 用油老粉填纹：油老粉填纹孔效果比水老粉好，附着力强，木纹清晰度高。但成本比水老粉高，涂层干燥较慢。跟水老粉一样，多用于纹孔较细密的木模型填纹孔，特别是形状与线条较复杂的木模型，如工艺品，用油老粉填纹孔能获得理想的效果。

C. 用各种腻子填孔：油性腻子、水性腻子以及复合腻子作为木材纹孔较粗的木模型填纹孔涂料，不仅填纹孔效果好，而且能使木模型纹理清晰，自然也能作为细孔材料模型的涂饰。

D. 用树脂色浆填孔：使用树脂色浆填纹孔，需先用羊毛漆刷将调匀的树脂色浆均匀地涂刷到模型表面上，然后改用细软的棉纱头进行揩涂，先螺旋形揩然后直揩，以使纹孔填平实，色彩均匀。

无论使用哪种填纹孔涂料，待填纹孔涂料的涂层干后，尚需涂饰一层底漆（常用虫胶清砂漆）进行封闭，以增加涂料与纹孔的接合力。待底漆涂层干后，要用 0 号木砂纸轻轻除去模型表面浮粉、尘粒等杂质，使之光滑，木纹清晰。

木模型填纹的工艺技术要求可以总结为：一要将全部纹孔、洞眼、裂缝填实填平；二要清除模型表面的浮粉，确使木纹清晰；三要力争模型表面的颜色基本均匀，并跟模型所需涂饰的颜色大致相同。

②染色

木模型表面染色是其涂饰工艺中最关键的一道工序，是模型获得所需色彩的重要环节。木材表面染色有两种方法一种是用染料或染料跟颜料混合物的溶液进行染色；另一种是利用媒染剂进行染色。

A. 染料溶液染色。用染料溶液对木模型进行染色是使用最普通的方法。在涂饰施工中，通常是将所选用的各种染料按一定比例溶于清水中，配成所需色彩的水溶液，简称为水色。多数模型要求涂饰成复色，如板栗色、红木色、柚本色、古铜色、咖啡色、金黄色等。诸如这些色彩，都需要选用多种不同颜色的染料按一定比例调配而成。涂饰一般应由浅到深，边调边看边试，直到满意为止。

边木模型染色的方法，现多用手工涂刷。一般先用漆刷将染料水溶液涂刷到模型整个表面上，做到无遗漏。然后立即用另一把刷毛较干、弹性好、毛端整齐的软毛漆刷先沿横向木材纤维方向涂刷一至数遍，以使水色被木材纤维充分吸收。紧接着沿木材纤维方向涂刷，以使木模型表面的色彩基本均匀一致，并将模型表面多余的水色处理干净，以免流挂。最后用弹性好的优质羊毛刷轻轻涂刷一遍，以去掉可能留下的尘粒、刷痕、流注等缺陷，使模型表面色彩更加均匀。涂刷水色，动作要快，眼睛要明，要求在涂饰表面未干之前，将色彩涂刷均匀。模型经染色后，暂不能用手摸，也不能让水滴在上面，以免破坏色彩的均匀性。待水色干后，需要涂饰一层虫胶清漆（或黏度很小的面漆）封闭色彩，使之不再褪色。

B. 媒染剂染色。媒染剂染色是借助某些无机盐，如硫酸亚铁、高锰酸钾、重铬酸钾水溶液跟木材中的单宁发生化学反应，而使木材获得新的色彩。因这些无机盐水溶液自身是无色的，须跟木材中的单宁发生化学反应来改变木材的色彩。无机盐水溶液在此是起媒介作用的，故将这种染色称为媒染剂染色。由于单宁的含量不同，用该法染色所获得的色相也是很有限的，无法多变，其颜色的深浅完全取决于木材中含单宁的多少。用此法给木材染色，染出的色彩耐候性、耐水性好，不易褪色，并能使木材染色的深度较大，且木纹特别清晰。

③拼色

由于木材是一种各向异性的材料，即同一零部件上的不同部分的物理化学性能及颜色不一定相同，多数会有不同程度上的差异。虽经统一染色处理，但各部位对水色的吸收值不一定相同，再加上自然色差的存在，所以难以获得均匀一致的色彩。故经染色后，尚需进行拼色，以消除色差，获得均匀协调的色彩。

拼色是用“酒色”，即用着色颜料或染料跟虫胶清漆调配而成。拼色时，用毛笔将着色颜料、染料、虫胶清漆分别放入配色盘中，根据模型表面存在的色差要求，调配成一定的色彩，针对实际情况进行拼色。若某局部的色彩较浅，就要给予加深；要是某处色彩较深，就要用浅色调去遮盖掉，以使模型整个表面的色彩均匀一致。

拼色是一道精工细琢的工序，需要丰富的经验与熟练的技巧。要使色差由浅而深（或是由深而浅）地精细地进行描绘修补，务必要随时注意调准颜色，并要眼明手准，逐步而迅速地把模型表面的色彩修补均匀。为提高拼色的速度，可先用小排笔将色差面积大的部分进行粗补，然后根据情况分别选用大、小毛笔将细小部位的颜色修补好，最后使模型的色彩变成均匀一致。

④涂饰底漆

底漆的目的主要是为了配合填纹孔、染色各道工序的顺利进行。如填纹孔后，需涂饰底漆增强填纹孔涂料层与纹孔的结合力，同时将它封闭起来不易脱落，有利于进行后续工序。染色后涂饰底漆，显然是为了封闭色彩，增加模型色彩稳定性，以便进行下道工序。底漆也能形成一定厚度的涂膜，自然会减少价格较贵的面漆的用量。涂膜厚度总是有一定限度，过厚反有坏处，所以底漆用量多，面漆的用量定要减少。底漆用量的多少，应根据工艺需要及模型质量要求合理确定。

底漆既要满足涂饰工艺的要求，确保涂饰质量，又要能降低涂饰成本。为此，底漆应具有以下特点：便于涂饰施工；涂层在常温下干燥快；涂膜附着力强，并能与面漆涂层相配套，即不允许“渗色”；来源广，价格便宜。虫胶清漆基本具有上述特点，故广泛用作木模型涂饰的底漆，特别是它几乎能作所有涂料的底漆，即跟面漆的配套性能好。其缺点是在较潮湿的环境中施工，涂层易吸潮泛白，需采取干燥措施，防止这种潮湿性泛白。

底漆一定要跟面漆相配套，即底漆形成的涂膜不能被面漆涂层中的溶剂所溶解，否则底漆的涂膜会遭到破坏，这样不仅会降低整个涂膜附着力，而且有可能使底漆涂膜被掀起，而无法继续涂饰面漆，情况严重的基至要彻底返工，重新开始涂饰。若用硝基、聚氨酯、丙烯酸等涂料作面漆，就不能用酯胶、酚醛、醇酸等涂料作底漆。这是由于前面涂料中使用的强溶剂，能溶解后者的涂膜。要是后者的涂膜已彻底固化（约半年后），才可使用有强溶剂的涂料作面漆。

⑤涂饰面漆

面漆是指涂膜外层的涂料，故要求其涂膜有较好的装饰性能和优异的理化性能。从而能更好地美化和保护模型。

模型的涂膜主要是由面漆形成的，底漆占的比例是很小的。所以模型涂膜的厚度主要取决于面漆的用量。涂饰面漆应使模型的涂膜达到一定厚度要求，应使涂膜显得丰满、平整、光滑，能真正起到保护模型的作用。但涂膜过厚，内应力会增大，其弹性降低、脆性增大，会导致早期龟裂，影响使用寿命；再者面漆消耗多，不经济。

因此，涂膜的厚度应适当，如固体含量约为 50% 的聚氨酯、丙烯酸等清漆其用量一般为 $250g/m^2$~$450g/m^2$，固体含量达 95% 以上的聚氨酯清漆一般用量为 $200g/m^2$~$300g/m^2$，固体含量为 20% 的硝基清漆，一般用量为 $400g/m^2$~$800g/m^2$。

面漆涂饰的次数，应根据所用涂料的性能、模型的形体特征及质量要求而合理确定。一般按单位面积规定的涂料用量，应分多次涂饰完毕才能保证涂饰的质量。涂饰次数的多少，主要根据涂料的固体含量而定。固体含量多，涂料用量少，涂饰的次数也就相应地减少相反，则涂饰的次数就要相应地增加。如涂饰固体含量达 95% 以上的聚酯涂料与光敏涂料，只需涂饰 1~2 次即可。涂饰固体含量为 50% 的聚氨酯等清漆，一般应分 3~5 次涂饰完毕。

每涂饰一次底漆或面漆，待涂层表面干后，需用 0 号砂纸或 1 号旧砂纸轻轻砂磨一遍，将涂膜表面上的小气泡、刷毛尘粒等杂物砂除掉，使之清洁平整，以提高相邻涂层之间的结合力及整个涂膜的透明度与装饰性。最后一次面漆涂饰完毕，应让整个涂层进行充分干燥后，才能进行涂膜修整。

2. 不透明涂饰工艺

不透明涂饰工艺不透明涂饰是用含有颜料的不透明涂料（如调和漆、硝基色漆等）涂饰木模型，涂层能完全遮盖木材的纹理和颜色，木模型的颜色即漆膜的颜色，故又称色漆涂饰。不透明涂饰常用于涂饰针叶材，纹理和颜色较差的散孔材和刨花板、中密度纤维板等制作的木模型。

如果只涂一层色漆，往往不能完全遮住木材表面。而且针叶材的早材吸收涂料中的液态组分（干性油、树脂液等）比晚材多，涂层干燥后，漆膜表面的颜色和光泽都很不均匀。为了达到一定的质量要求，合理使用涂料，不透明涂饰也要经过多道工序，使用几种相应的涂料，相互配套进行涂饰。不透明涂饰工艺也可大体划分两个阶段。不同木模型对漆膜质量要求有所不同，其涂饰过程的复杂程度也各不相同。普通木模型要求漆膜有良好的保护性，涂饰过程仅包括表面处理和涂饰涂料（含涂层干燥）（图 3-65）。

图 3-65 不透明涂饰

第4章

产品模型制作案例

4.1 石膏水壶模型制作案例

○ 4.1.1 制作思路

要求用石膏制造水壶模型，表面不进行涂饰，保持石膏原有的质感。

通过分析，水壶由壶把、壶体和壶嘴三部分组成，每部分的基本形态都为圆形，所以三部分可以采用旋转成型后再组合来实现。

在旋转成型机的转轮上，用围板制作模框，在模框内浇注石膏坯块。为了达到石膏坯块与转轮结合牢固稳定的目的，在转轮上制作具有凹凸槽的底盘。在石膏坯块未干之前，用刀具或模板切削加工旋转的石膏坯块，旋削时手持模板或刀具依靠托架进行切削成型。

○ 4.1.2 使用工具

石膏模型制作的常用工具有塑料盆、塑料桶、水杯、小碗、垫板、围板、重量称、刮板、模片、网筛、各种型刀、锉刀、砂纸、卡尺、直尺、毛笔、毛刷、彩笔、肥皂液、板锯、小型台钻等。

○ 4.1.3 制作步骤

1. 构思草图

首先把构思用草图的方法表现出来，在若干的草图之中选择一个理想合理的方案进行制作。（图 4-1）

2. 调制石膏浆

根据坯料大小，配置适量的石膏浆。往一个盛有适量清水的瓷盆中均匀地放入石膏粉，待石膏粉的顶尖部分露出水面，此时石膏与水的比例才合适。让石膏粉在水中浸泡 1min~2min，使石膏粉吸足水分后，用搅拌工具向同一方向轻轻地搅拌，搅拌应缓慢均匀，以减少空气溢入而在石膏浆中形成气泡。连续搅拌到石膏浆中完全没有块状，同时在搅动过程中感到有一定的阻力，石膏浆有了一定的黏稠度，外观像浓稠的乳脂，此时石膏浆最适宜浇注。

图 4-1 模型草图

3. 圆柱基本形体的制作

把塑料片围成圆柱形，安装在转轮机转轮盘上，用胶带粘好边。把石膏浆注入圆柱形腔，填封缝隙。将调制好的石膏浆通过过滤网浇注入围合固定好的圆筒状模框中，注意速度要均匀，避免气泡产生。通常情况下，等 10min~15min，石膏浆接近固化状态，这个时候可以把圆筒模框拆除。

4. 壶身旋削成型

启动转盘，石膏体随转轮转动，将车刀靠在支撑架上，依靠支撑架一边旋转一边进行回旋刮削，根据壶体尺寸线用车刀旋削出基本型，使壶身随着旋转车削而逐渐完善。刮削过程中不断用量具检测尺寸，接着刮削出壶盖的半圆球形态。 基本型完成后用刮片修刮壶体表面。

如果在调制石膏浆的过程中气泡未排干净，成型后的壶体表面就可能会出现小气孔。在壶体模型完成后，表面的小气孔可用石膏浆进行修补。伴随着旋转车削的过程，石膏也逐渐凝固。将壶体底线车槽切断，并用砂纸打磨表面（图 4-2）。

5. 壶嘴旋削成型

与壶身相同，制作小石膏柱体。石膏体随转轮转动，手持刀具、刮尺，依靠支撑架进行回旋刮削，车出壶嘴的圆锥体。并用量具测定尺寸。待石膏体干透后，利用钢锯从底部切断获得壶嘴基本型，锉刀修磨制作出壶嘴口部内槽。（图 4-3）

图 4-2 壶身旋削成型

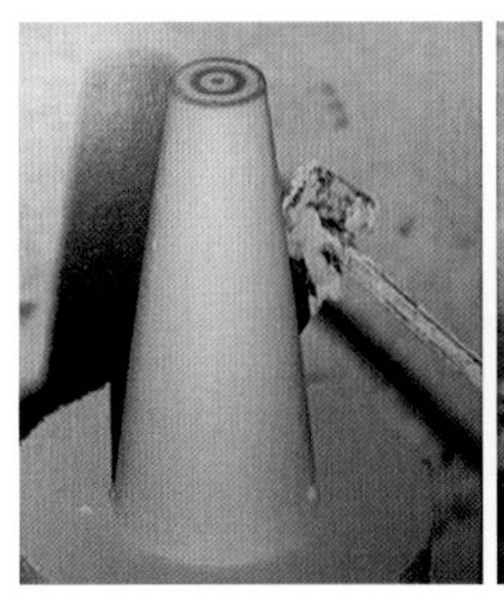

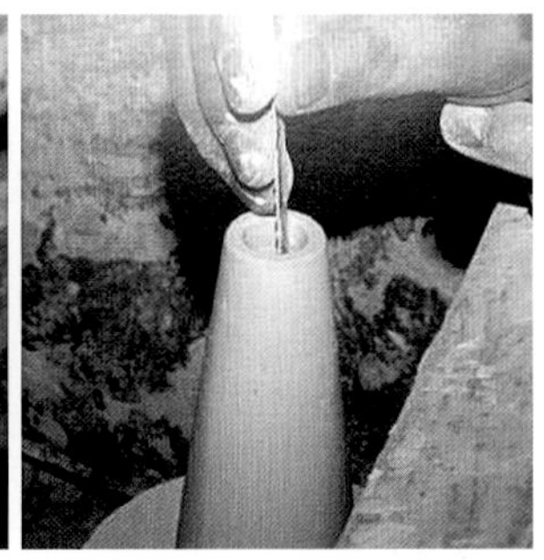

图 4-3 壶嘴旋削成型

图 4-4 壶手柄的成型

6. 壶手柄的成型

浇灌把手的基本型。在刮削好的圆柱底托上画把手尺寸线，用车刀和模板车凹弧面，在凹弧面上涂刷脱模剂并反复擦磨，使凹弧面光亮不沾水，在圆柱底托上用彩笔标注画出把手内径尺寸并用围板制浇注模框，浇注适量的石膏浆。石膏浆凝固后拆除围板，确定把手厚度和内径尺寸，画定位线。用车刀将把手内径的内部多余部分车削掉，并用模板进行进一步准确修整，露出底托上的内径尺寸线，此时把手开始逐渐松动。取下把手基本型（图 4-4）。

7. 壶嘴和壶把在壶体上的安装

用刮刀和砂纸将壶底修刮平整，并修补上面的气孔、缺陷。然后确定壶底中心，还有壶嘴和壶把在壶体上的安装位置。将壶嘴基本型的底部打磨平整，然后根据壶体锥面加工壶嘴和壶体结合部的形态，将成型的壶嘴和壶体石膏块用石膏浆粘接安装好（图 4-5）。

按照尺寸截取把手形态，用锯切去把手多余的部分，在壶体上安装把手。

8. 整体完成（图 4-6）

图 4-5 部件加工

图 4-6 装配成型

○ 4.1.4 技巧总结

石膏材料的特性决定了石膏模型制作的如下五个要点：

1. 石膏材料的调制。这个过程一般来说是要先将适量的清水置入合适的容器中，再将适量的石膏粉快速均匀地撒入容器，使其形成厚度均匀的层面（不可集堆），石膏粉即将沉积至水面的时候，停止撒入。放置一两分钟，待石膏充分吸湿水分之后，用工具均匀搅拌，有产品说明书的话，就要尽量按其要求操作，成稀膏状后即可进行浇灌成型。但此过程要注意搅拌动作不宜太快，以避免出现气泡。

2. 石膏浆随着时间推移而增加黏性，渐渐成糊状，即获得所需的石膏浆，搅拌均匀后的石膏浆应尽快进行浇注。

3. 搅拌过程中，不要再加入水或石膏粉。加水会使石膏浆的胶凝性或胶凝后的强度降低；加石膏粉会形成块状，改变塑性，以至石膏品质不均匀。

4. 成型模具要坚固，不能在浇灌过程中出现变形招致垮掉，同时还要注意尽量不出现跑、冒、滴、漏等现象。

5. 在石膏成型后多长时间来进行加工处理，取决于产品的形态。大的形态要在石膏形体未完全干透时进行加工，细节精加工则要等待石膏形态完全干透后再进行。

4.2. 泡沫塑料模型制作案例

○ 4.2.1 制作思路

泡沫塑料模型制作首先需要根据其使用要求、造型特征、构造特征等，制定相应的工艺方案，首先将整个模型分成若干个构件，确定各个构件之间的连接方式，然后确定各个构件的形状、尺寸、公差等方面的技术要求，再根据技术要求确定加工方法和加工工序，工序之间最好能够相互联系，能在下一工序里面反映出上一工序的漏洞，最后计算完成时间。工艺方案是模型制作的基础，细致准确的工艺方案是模型顺利完成的保证。

○ 4.2.2 使用工具

美工刀、剪刀、钢板锯、钢丝锯、曲线锯、板锯、量度尺、画线工具、木锉、砂纸、电热切割器。

○ 4.2.3 制作步骤

1. 一次画线

一次画线用以确定锯削下料的基础，画线时必须留有加工余量，根据加工者技术的不同，所留的加工余量也有所不同，一般留有 3mm~6mm 的加工余量。需要注意的是 PS 颗粒大，应多留些加工余量；PU 颗粒细小，可少留些加工余量。块材的切割、锯削加工偏移尺寸大，应多留些加工余量；板材的切割、锯削加工偏移尺寸小，可少留些加工余量。一次画线分为直线画线和曲线画线。

直线画线大尺寸构件常用丁字尺、墨斗画线，小尺寸常利用直尺、角尺等工具，用划子、铅笔等画线。

曲线画线规则的几何形状可以用几何作图的方法进行画线。对于不规则图形，可以从计算机模型中提取轮廓线，按照比例打印出线图，然后在泡沫板、块材上平铺一张复写纸，用透明胶带固定，

图 4-7 画线

图 4-8 切割下料

将打印图纸平铺其上，注意保持图纸不要变形，并用透明胶带固定，再用铅笔将图纸上的轮廓线复制到泡沫板、块材上（图 4-7）。轮廓线是零件最终轮廓界线，因此在切割、锯削下料过程中要始终保留轮廓线，并留出 3mm~6mm 的加工余量。

需要注意的是：

（1）画线时，铅笔应紧靠直尺或样板的边沿。

（2）要合理排料，以充分提高材料的利用率。同规格的材料尽可能采用套料。

（3）左右对称的两个零件，用同一块样板画线时，需注意零件的正反面。

（4）画线时应画出检查线、中心线、弯曲线，并注明接头处的字母。用于检查构件在加工、连接后曲率的正确性。

2. 下料

这里主要介绍沿直线边缘下料。

（1）切割下料

对于厚度在 20mm 以下的板材，可以采用美工刀切割下料，下料时，先将钢板尺、T 字尺等的边缘与所画直线平齐，一手将其压紧不要移动，一手用美工刀紧贴在直尺的一侧，沿直线从头至尾轻缓地连续勾画几次，再逐步加力进行切割，直至切透。需要注意的是，用力不要过大、过急，否则美工刀容易偏离线路。如果切割大尺寸板料，最好有一人专门负责压紧直尺，防止手换位置时，直尺发生偏移。如果切割小尺寸板料，可以直接用美工刀进行切割（图 4-8）。

图 4-9 锯削下料

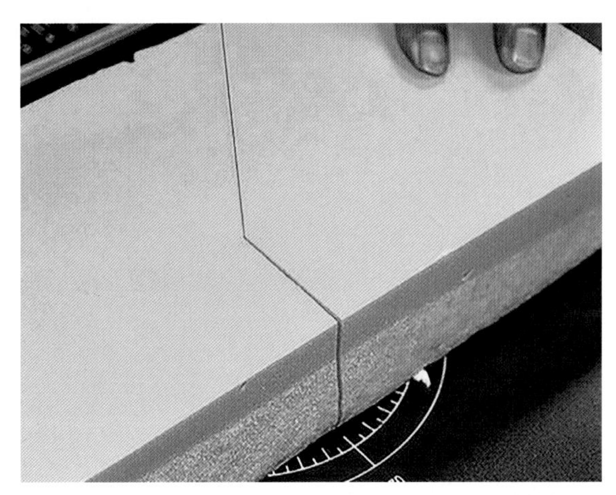

图 4-10 热切割下料

（2）锯削下料

对于厚度在 20mm 以上的板材，可以采用板锯、刀锯、鸡尾锯、钢丝锯、钢锯条、手提式电动曲线锯、台式电动曲线锯等进行锯削下料。进行锯削加工时，用力要均匀、平稳，速度要慢，锯条要锋利。

沿直线锯削时，锯齿对准所划直线进行锯削（图 4-9）。沿曲线下料的常用工具有钢丝锯、钢锯、手提式电动曲线锯、台式电动曲线锯等。

沿曲线锯削外轮廓时，锯齿应在轮廓线的外侧进行锯削，并留出 3mm~6mm 的加工余量。如果遇到尖锐的拐角，锯条不能转弯通过时，应该将锯条进退几次，锯出较宽的锯缝，再向前锯削。也可以事先在拐角的外侧用钻床或手持电钻钻一个孔，以便锯条通过。锯削过程中由于摩擦产生高热可能会将已切割的部分重新粘连，可用容积较大的注射器在切割的部位少量滴注冷水或冷却剂降温，防止材料因受热重新粘连。

（3）热切割下料

热切割下料是根据泡沫塑料受热被熔的特性，将电热丝切割机的电阻丝通电发热后进行切割。一般电阻丝不动，沿所画的线推动泡沫塑料进行切割。电热丝的温度可以根据要切割的泡沫塑料类型和密度进行精确调节。如果电热丝温度过高过热，切割线路会太宽，不均匀。如果温度太低，在切割时使用的推力会使切割线变形，甚至断掉。所以在使用前应先用一块废料试切割一下。

沿直线切割时，可以在台面上固定一块木板作为靠板，以靠板为导向，电热丝对准画线，匀速缓慢推动泡沫塑进行切割，这样切割的线形平直，表面平整（图 4-10）。

沿曲线切割时，与上述沿曲线锯削的加工工艺与方法基本相同。

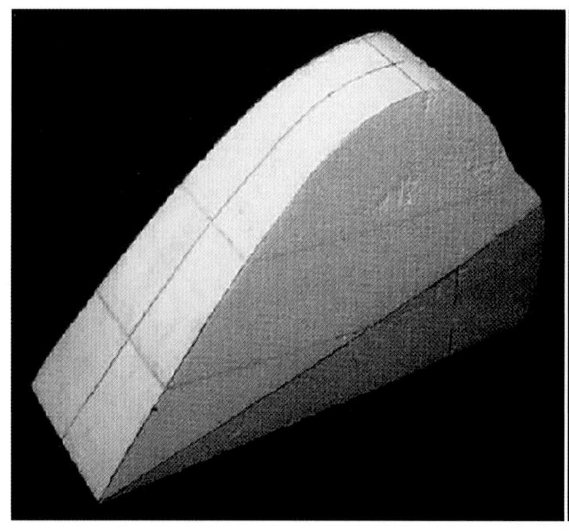
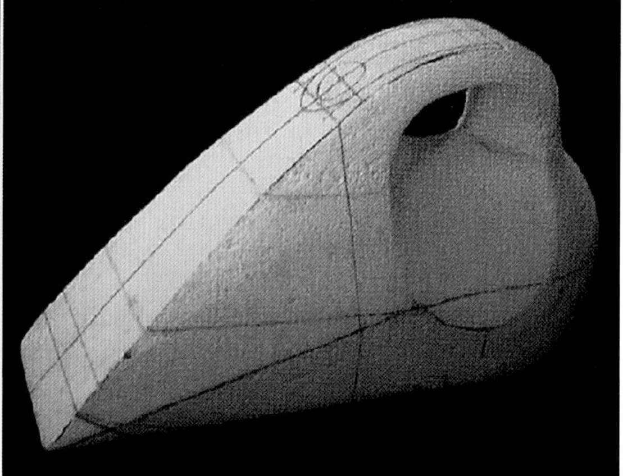

图 4-11 二次画线

3. 二次画线

通过手工切割或锯削下料加工后得到毛坯料，选择毛坯料上尚未加工的平面作为基准面，已加工的面作为相对面，进行三视图画线。如果已加工面很粗糙，影响画线，则需要先用木棒裹砂纸打磨加工面，平整后再画线。对于大尺寸构件，需要将几层泡沫板粘结成泡沫块进行加工成型，此时应将泡沫块打磨平整后再画线（图 4-11）。

4. 加工成型

（1）粗加工

用刀锯、钢锯条等将大块多余的部位锯掉，粗加工留有 3mm~6mm 加工余量。

（2）半粗加工

用木锉刀、锉片等将多余的部位锉削掉，半粗加工留有 1mm~2mm 加工余量。加工过程中应随时借助度量工具检验加工部位。加工时注意保留中心线等重要的基准线，不要一次全部锉掉，锉掉的线，要及时补画上。

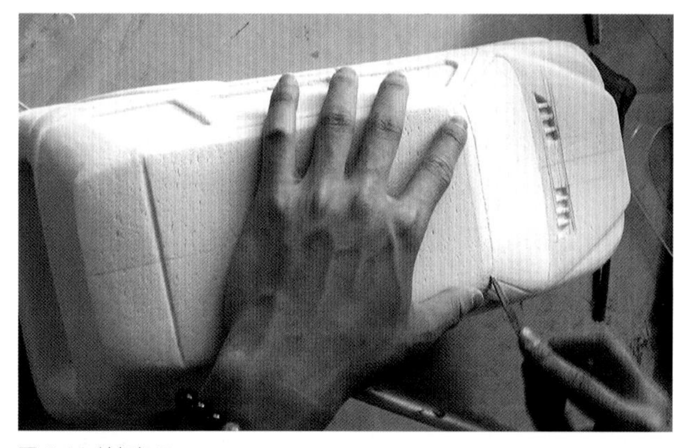

图 4-12 精细加工

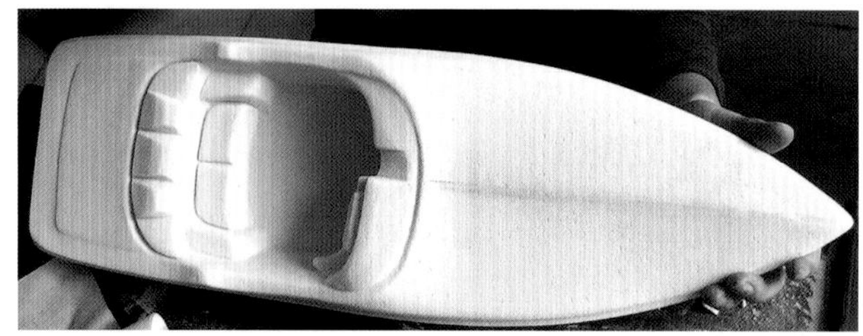

图 4-13 基本形体

（3）精细加工

用自制打磨各种形状的工具进行打磨修整，打磨的顺序是先粗打磨，后精打磨，先整体后局部（图 4-12）。打磨至尺寸符合要求即可。加工时注意保留中心线等重要的基准线。至此，主体基本形体制作完成（图 4-13）。

（4）局部形态加工

主体基本形态加工符合要求以后，对局部进行加工，如钻孔、开槽、修边、刻画分型线等（图 4-14、图 4-15）。

图 4-14 刻画细节

图 4-15 修边打磨

（5）零部件加工

参照上述步骤制作相关零部件，如把手、旋钮、装饰条等（图 4-16）。

（6）构件的修补

对于泡沫塑料构件局部加工错误的地方，可以对其进行修补，对于修补大面积的地方，可以用同类材料补粘上一块，固定后对其进行锉削加工，再打磨到适合尺寸。对于凹坑不深的洞孔和裂纹，可用水与滑石粉和白乳胶调成腻子，进行填补，干后用砂纸砂磨平整。如果凹坑较深时，一般要多次填补腻子灰，待上一层腻子干后，再填补下一层，直至填补平整后再打磨到所需尺寸。

图 4-16 制作部件

（7）组装成型

泡沫塑料模型常采用粘结的方式进行组装成型。

选用胶粘剂：粘结前应选用适合的胶粘剂，如选择不当，胶粘剂会腐蚀泡沫模型工件，导致前功尽弃。

常见的木工白胶通常很容易成为考虑的使用对象，但在这里不适合，白胶需要水分蒸发，泡沫胶是专供泡沫塑料粘结用的，在舞台美术布景制作上使用较多，这是一种类似万能胶的粘合剂，不腐蚀泡沫塑料，不会彻底干透形成脆硬的胶层，而是保持着一些柔性，且结合力很强。

双面胶带因为在必要时可以拆开修改，比较方便、快捷，但其柔软的带基在遇到锉片锉削时同样不会被有效去除，只会顺着锉削方向倒下并继续留在原来位置形成一条突起的脊形，因此需要使用锋利的刀片将其切除，非常耗费时间而且最终影响表面光洁。因此，使用双面胶带时也必须预先准确画线留出加工余量。另外，双面胶带很容易因为沾上了泡沫屑和灰尘而丧失黏合力，因此粘贴前需要将粘结部位清理干净。

在粘结前先将加工好的零件，以积木式堆砌组成为一体。可用大头针或竹销暂时定位，不忙于开始就涂粘胶，以免在组合后发现问题，再修改就会比较麻烦。试组合是为了深入观察、分析、比较整体与局部的体量关系，认定不再修改时，将各连接处用笔做上记号，拆开后涂胶粘结。

粘结时将两个需要粘结的表面，均匀地抹涂一层薄薄的粘胶，并在内插入两根竹销定位和增加强度，然后用重物或夹钳压夹紧，也可用绳索捆绑紧密，待几小时后即粘结牢固，需要注意的是在给泡沫塑料上胶时不能将胶液涂在靠近两块材料的边缘。如果把胶涂得太靠近材料的边缘，会因胶水干涸后比泡沫塑料坚硬，更耐砂纸打磨，而在以后对其表面进行打磨时，在两块材料之间会形成凸出的脊。出于同一个原因，也不要在以后需打磨的可见表面上涂胶。

影响粘结质量的两个重要因素是粘结的面积，粘结面积越大，粘结越牢固，为了得到可靠的粘结效果，需要在制作时设计适当粘结形式，必要时可以在模型内部增加衬板增大粘结面积。

5. 泡沫塑料模型表面涂饰

泡沫草模仅用于最初的设计探讨过程，主要供设计师之间交流和论证设计思路，不太适合与用户见面，尤其是表达动态变化的复杂结构，或者面对缺乏细化设计想象力的用户时，草模的出现反而会节外生枝，引发用户种种不必要的疑问。

由于受材料特性和模型性质影响，泡沫草模的表面通常不做太多修饰，没有特别要求的话，也不刻意改变草模材料本色。

泡沫模型表面粗糙，即使是可以用砂纸打磨也不能得到光洁的表面，因此涂刷了颜料和油漆也不会产生光亮的反光效果。罐装自动喷漆含有苯等有机溶剂会溶蚀模型材料，因此绝对不能使用。

为了更好地展现细节，在一些精细复杂的部位，如操作面板、显示器、商标图形、数据铭牌等，可以二维图形打印后粘贴在相应位置上。产品表面的一些结构特征如模缝线、装配结合线、凹下的嵌线等对模型的结构表达很有价值，可以用浅灰色的即时贴裁成细线后粘贴在模型的相应位置。一些小零件如旋钮、指示灯、开关、电源线等，可以把实物装在草模上增加真实感（图 4-17、图 4-18）。

如果确有必要，也可用水与滑石粉和白乳胶调成腻子填补打磨后进行涂饰处理。

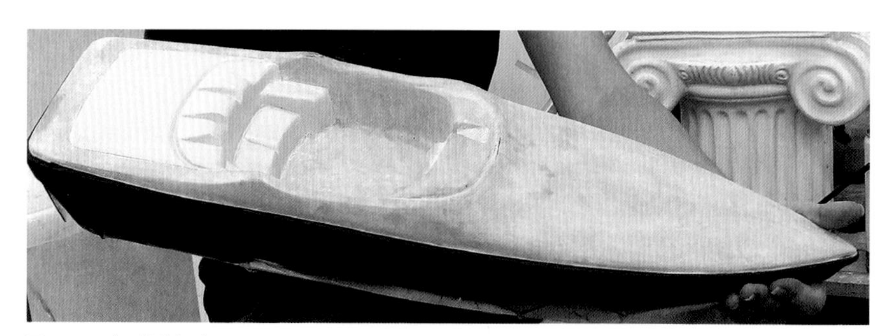

图 4-17 腻子填补打磨

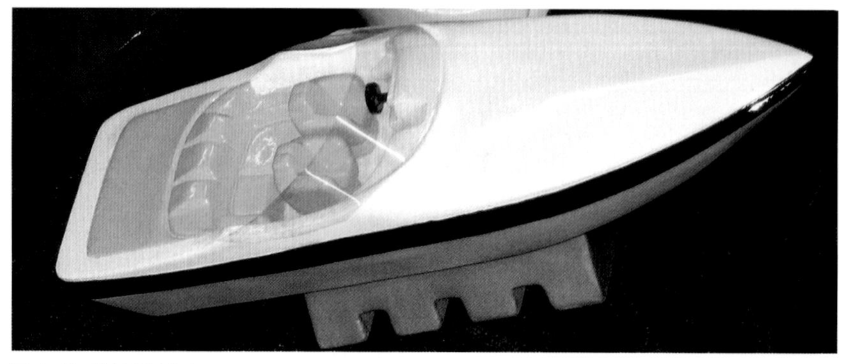

图 4-18 喷漆后的效果

○ 4.2.4 技巧总结

泡沫塑料容易加工，成型速度快，但质地疏松、密度低，表面效果不如其他材料好，在加工时需要细致、细心，防止断裂情况出现。

对泡沫塑料模型进行修正、开槽及细节的雕刻时，应该使用对应形态的打磨块进行，打磨块由砂纸用双面胶粘贴在木块上制成。特殊形态的打磨块，由泡沫芯、纸板、木块等制成凹棒，以适应特殊的形态。

最好用喷涂的方法进行上色处理，因为泡沫材料是多孔的材质。涂漆之前，用水、白乳胶与石膏粉混合，搅拌成很稀的膏浆涂抹在表面，干固后，用细砂纸打磨光滑。最好使用水性的颜料，以免对泡沫塑料的腐蚀。尽量在组装模型前喷涂不同的颜色，然后再组装到一起。

4.3 油泥汽车模型制作案例

○ 4.3.1 制作思路

油泥填敷在模型外层，是制作模型的主要材料之一。在油泥出现以前，人们制作模型主要用木材和石膏，虽然木材和石膏的雕塑性很好，但是一旦成型就很难再进行填敷了。而对于必须经过反复修改推敲的复杂的汽车模型、摩托车模型，这些材料显然让制作者在模型制作的过程中遇到许多阻碍。因此当油泥出现后，由于它可以轻易地进行刮削添加，人们可以随心所欲地塑造出自己想要的形状，成为模型的主要材料，迅速取代了其他材料。汽车车身设计中，用油泥雕塑汽车车身模型，是产品开发设计的基础，能把设计图纸转化为三维的设计模型，主要用来表达汽车造型的实际效果，真实地反映汽车整体效果和内部细节装饰，供设计人员和决策者评估和审定。通过汽车油泥模型，设计人员能在生产前看到设计的产品雏形。

由于汽车外形设计对表面质感的光滑要求极高，普通泥的表面无法达到那样的光滑度，而油泥质感细腻光滑，符合极其严格的表面要求。油泥是一种化学合成黏土，常温下有适当的硬度，几乎不会产生膨胀和收缩形变，并且不会因水分原因引起开裂，和普通泥完全不同。油泥经过加温（使用时将油泥加热至中心变软即可），迅速降低的硬度让其变得相当柔软，用专用的油泥工具任意切削制成各种曲面模型，所以特别适合重塑；温度回落，其硬度又很快恢复。油泥的切削性如此之好，让其也能适合细节的刻画。这个过程还可以多次反复，丝毫不影响油泥本身的质量。模型做好完成之后，可以永久不变形地被保存，特别适用于制作等比例和缩小比例的汽车、摩托车模型。

从制作时间上来看，油泥模型也是比较快捷的一种。所以，在目前汽车造型设计的领域中，它自然地成为主要模型制作手段。

○ 4.3.2 使用工具

直角尺、曲线板、万能角度尺、游标卡尺、椭圆板、蛇形尺、画线平板、划规、拍泥工具、油泥刮削工具、曲率刮板、油泥修形工具、油泥切刻工具、金属针束尺、手钳、美工刀、钢锯、钢丝锯、手提式电动曲线锯、台式电动曲线锯、手电钻、钢锉、烘箱、热风机等。

○ 4.3.3 制作步骤

1. 准备图纸

图纸方面，需要顶面、侧面、正面和后面四个正投影视图（可用胶带图）。（图 4-19、图 4-20）

2. 制作卡板、芯模（初胚）

对于全尺寸模型，一方面需要订制木架内芯，而对于比例模型来说，可以用板锯、油泥刀和木锉等工具加工聚氯乙烯泡沫、聚氨酯等材料制作内芯，主要是为了给出模型的基本形体。另一方面，由于油泥相对昂贵，车体内部都用油泥制作会比较浪费。一般来说，塑料泡沫内芯尺寸应相对车身外表面向内缩小 2cm~3cm，注意留出放置车轮的空间。在一些拐角部位，或是设计还不明确，仍需探讨的细节处，可适量减小内芯尺寸，留有足够的探讨余量，避免出现在敷上油泥后再修改泡沫模型内芯的情况出现。通常带有尖角的内芯还可能导致油泥爆裂，因此应切除内芯的部分尖角，以增加局部油泥的厚度防止爆裂（图 4-21 至图 4-23），也便于后期的油泥刮切。内芯需要制成一个牢固的实体，片状泡沫之间要用快干胶粘结结实，不得有翘曲或松动。为了提高油泥的附着能力，可以用刀在内芯表面挖一些局部凹陷。内芯制作完成后，可用快干胶或硬质泡沫胶等将其固定在托板上。注意把模型底座外露部分喷涂黑漆或黑色丙烯颜料，防止干扰观察。最后在泡沫内芯表面喷涂黑色漆或白乳胶，以固定泡沫碎屑，以防止在敷油泥时，泡沫碎屑混入油泥中，从而影响加工。

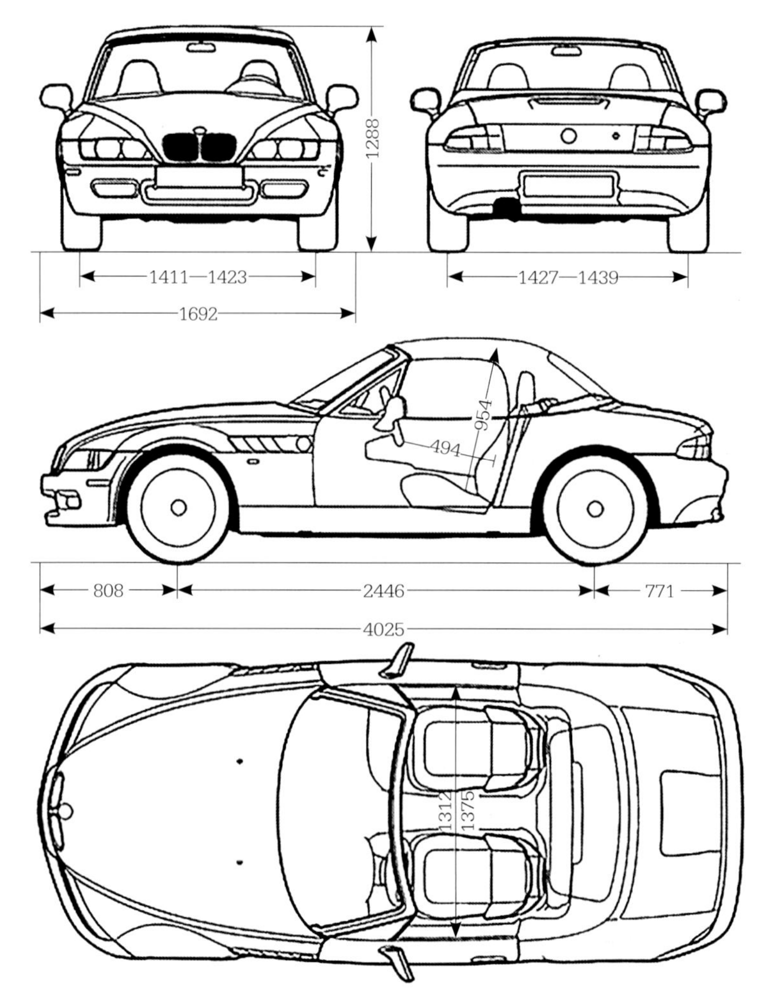

图 4-19 模型四视图（单位：mm）

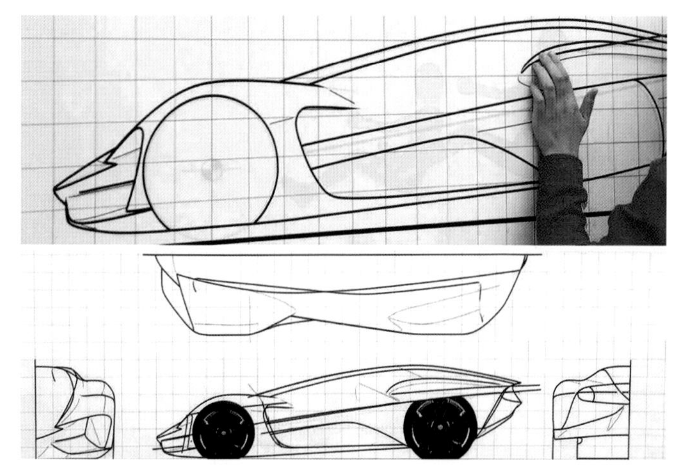

图 4-20 胶带图

图 4-21 卡板

图 4-22 底座

图 4-23 芯模

3. 上泥

上泥的程序分为两步。先上一层薄泥，然后再上一层厚泥，上泥分量的原则是宁缺毋滥，这样做是为了保证泥和模型初胚的结合强度（图 4-24）。

4. 模型取型

卡板（模板）的作用是限定模型的外形，保证模型的精确度。因此，卡板必须精确地从图纸上拷贝出来，再用多层板或有机玻璃板制作出来。一般而言，模板大型主要有一个中轴线模板（从侧视图取出）和一个车身侧沿模板（从顶视图取出）及若干个侧面模板（从正面视图取出）（图 4-25、图 4-26）。

5. 模型初刮

模型初刮是指根据模板把大体的车型找出来。这是一个反复的过程，必须多次测量图纸，用高度尺取点，采样点越多，模型越精确。这一过程中最重要的是由车灯开始，到车窗 A 柱，向车窗顶沿、后沿，至尾灯的这条定位线。由于它决定了车的整个侧面大型，而且这样一条空间曲线又不能以平面的模板来限定，所以对它的多次采样显得尤其重要。定位线只需找到其中一条即可，车的另一半可以用分规进行复制（图 4-27、图 4-28）。

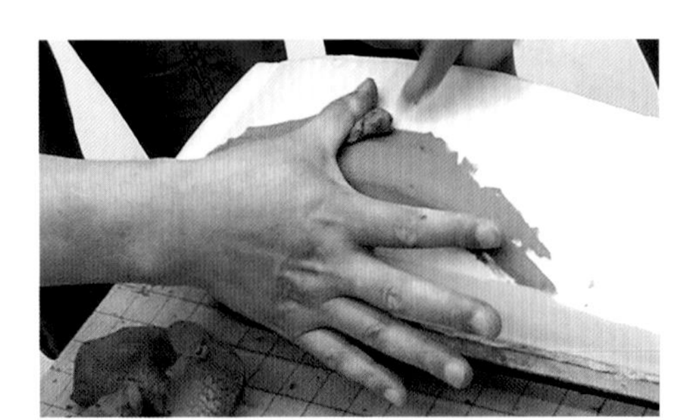

图 4-24 上泥

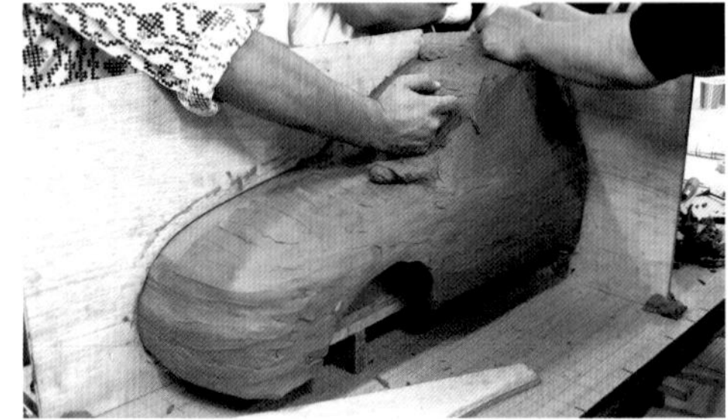

图 4-25 卡板取形 1

图 4-26 卡板取形 2

图 4-27 初刮

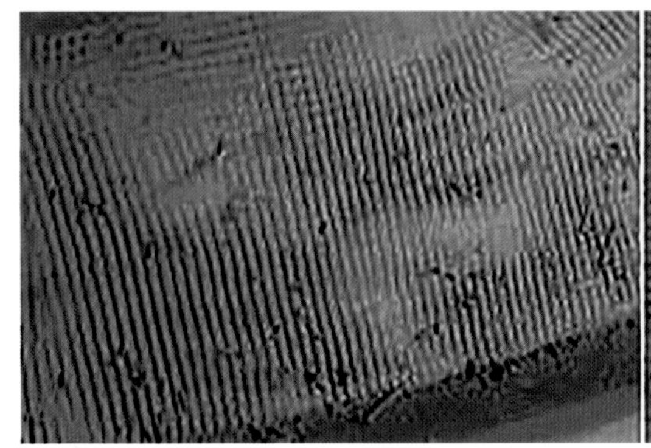

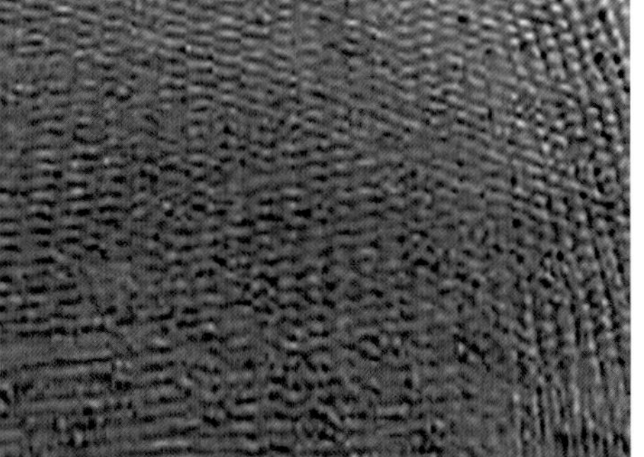

图 4-28 刮痕

6. 侧面成型

侧面成型的首要任务是确定侧面车窗曲面，以此为基础完成整个侧面的大体形状。由于车窗曲面变化微妙，需要制作一个窗面垂直方向的模板，将其固定在垂直立尺上，沿着车体侧沿线模板（固定在工作台上）进行刮扫。刮扫成型后的表面需要用刮片刮平。确定车窗完成以后，就可以开始车身侧面制作。

（1）车身侧围

依据模型OY线基准面以及后轮口基准面将模型车身侧围位置敷上油泥，直到合适为止，用刮刨、齿挠、平挠、三角刮刀等将车身侧围、前、后翼子板上多余的油泥刮掉（图4-29），再用钢片将其刮制光顺。根据设计方案中侧围的曲面变化选择钢片刮制油泥的方向，对于较大的曲面要选用较大的钢片来刮制。然后用胶带或刀在表面标识主要的特征线，通过改变胶带宽度去观察设计中需要加强或减弱的硬线，使影响造型的元素尽量减少。

（2）车身表面的右侧

先做半边的模型是为了在三维空间直观地对车身形态进行探讨，所以在这个阶段，耐心修改每一条曲线的空间走向是非常重要的，切不可急于求成。当然，半边模型只是为之后制作整车模型提供初步的依据，在之后的制作过程中，仍需要进行不断的调整，尽量使每一条曲线的空间走向都显得完美。

半边模型形态确定后，就要取点做对称部分。首先要确定基准面，一般为车身顶盖。用钢片将车身顶盖精细修整光顺，并用细胶带贴上中心线以及关键点的辅助对称线（图4-30）。以中心线为对称轴，将关键点一一作对称复制，最终将半边模型的每一条曲线都准确地复制到另外一面，用细胶带贴出，再进行刮削。这样的方法适用于顶视图上的能见面，即车身顶盖、发动机罩和后备厢盖。这几个面可以最先处理，作为基准面。然后依次对车身侧面的每一个面及细部作对称修整，其间仍

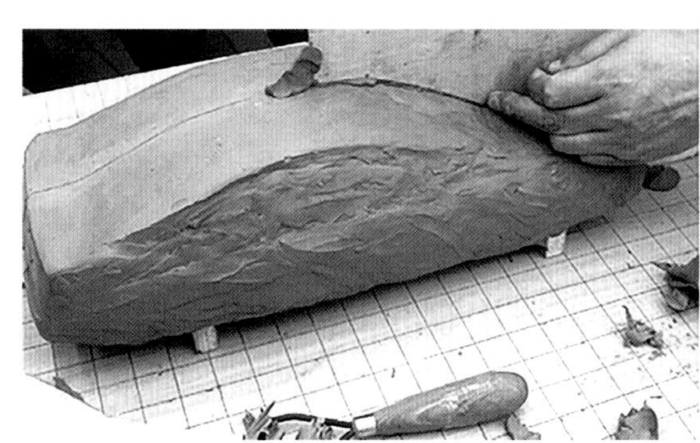

图4-29 车身刮削

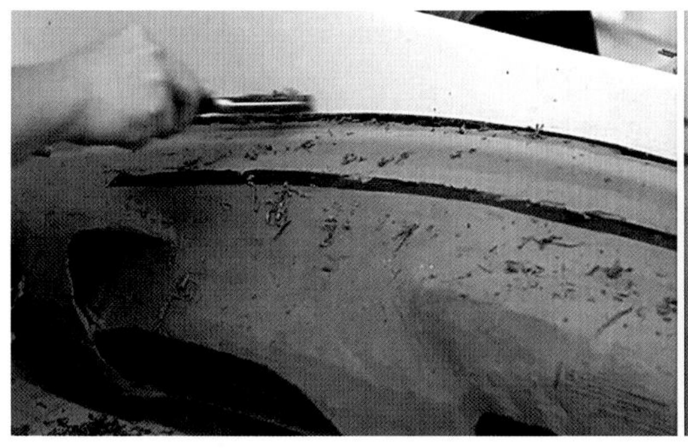
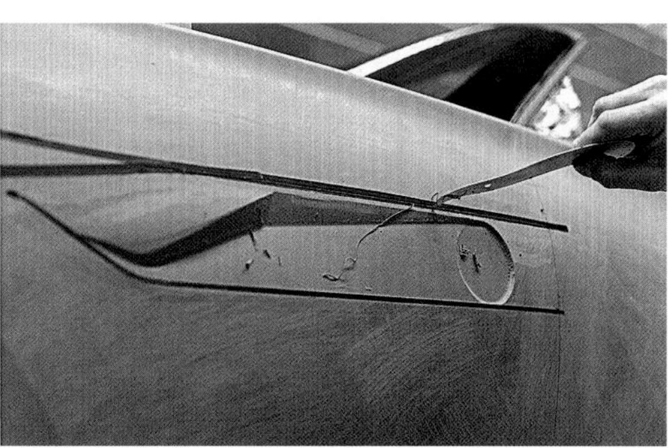

图4-30 对称复制

需要通过观察，不断调整曲线的空间走向。这个阶段中，主要是利用高度仪和底板上的坐标网格线，通过空间坐标来取对称点，再连线。需要注意的是由于底板长期暴露在外可能引起变形，此时除了用高度仪进行坐标取点作参考外，还需要制作者用目测方法进行调整，做到左右对称。同样是制作一个垂直方向的模板沿着车体侧沿线的模板进行刮扫。将整个侧围曲面扫出后，用刮片加工细致后，再制作保险杠等突出的线条。

7. 车头及车尾成型

（1）车头前端和车位末端

需要注意的是一般车头、车尾断面形状较复杂的模型，只用 *OX* 断面模板很难完成，因此需要单独制作模板来制作车头和车尾，尤其是前、后保险杠的下部。

首先在模型车头前端、车尾后端位置敷上油泥，利用角尺沿俯视模板所形成的轨道来回扫刮未硬化的油泥，将多余的油泥刮除，并用高度尺划出保险杠的边缘线。由于车头前端、车尾后端线条在接近转角处通常会变窄和淡化，在扫刮时要注意前端到侧面的形状变化。

在完成车体的粗刮后，可以应对车体左右进行整体基本对称的制作。对于比例模型而言，这种制作方法优于逐个断面的制作。在此并非对车体每个造型作对称，而主要是根据车头和车尾的平面图检验左右车体整体的对称关系，这对后面各个部件的制作非常重要。

制作时先用胶带在模型表面贴出 *OX* 线，将车身右侧填补上油泥，用齿挠和平挠将模型表面刮制平整，以 *OX* 线位置为中心点，用分规分别在模型表面画线，其两边的交叉点即为对称点位置，以此完成车头和车尾的基本对称关系（图 4-31、图 4-32）。

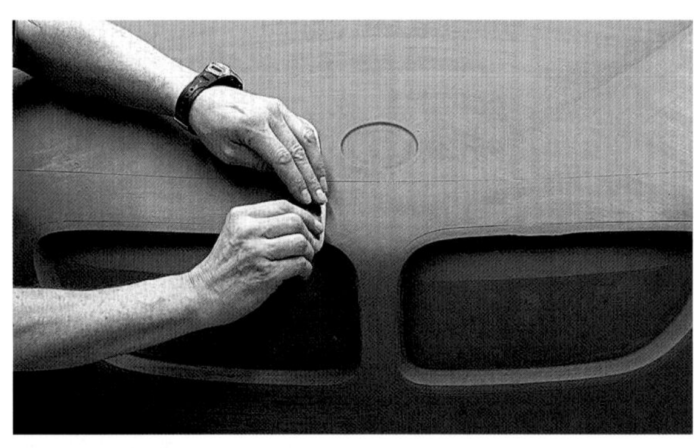

图 4-31 车头塑形

图 4-32 车尾塑形

（2）一侧的发动机罩、行李箱盖

在发动机罩位置敷上油泥，直到合适为止，在 *OX* 和 *OY* 断面上粘贴胶带，用模板画出轮廓线，以胶带与轮廓线为导向，用齿挠、平挠、三角刮刀及钢片将模型上这些部位的曲面刮顺。如果此部位没有制作模板，则要参照设计方案的效果图，凭着对设计方案的理解及空间想象去制作。刮削时应多观察和检测发动机罩与车窗、车头前端以及侧围之间的转折关系，使各面之间连接流畅。必要时可以用油泥刀在模型上画出相关部件的分型线作为参考。用同样的方法制作行李箱盖。

（3）前、后保险杠侧面

在前、后保险杠侧面位置敷上油泥，直到合适为止，用齿挠、平挠、三角刮刀及钢片将模型上这些部位的曲面刮顺。然后发动机罩下沿和保险杠的上沿粘贴胶带保护已刮好的面，然后用蛋形刮刀将发动机罩下缘与保险杠之间的反 R 曲面上多余的油泥刮掉，取掉胶带后再用钢片将其修整光顺。如果下端向内收的形状有内凹的圆弧，同样按上面的方法制作反 R 曲面。用相同的方法制作后保险杠侧面。

8. 前罩、车顶面、前后窗及后盖成型

首先是在侧风窗基准面位置敷出比较完整的风窗面，先使用齿挠或带齿的钢片刮出大致的曲面，再使用钢片将曲面刮平、刮顺，完成后粘贴胶带检查侧风窗表面的平整度。

（1）车前右端与车尾右端

根据侧视图拷贝一个侧风窗的轮廓图并在其上取一点，以此点为交点画出 X 轴和 Z 轴方向两条参考线，用高度尺、角尺在模型表面画上测量日相同位置的点，并画出 X 轴和 Z 轴方向两条参考线，注意模型上的两条参考线应稍大于轮廓图上的参考线，这样方便后续线条重合对齐。然后在轮廓图背面粘贴双面胶，将上述四条参考线，两两重合对齐后，把轮廓图粘贴到模型上，然后用油泥刀在模型表面沿轮廓图边缘画出侧风窗边框线，用胶带沿画好的线在模型上贴出侧风窗轮廓（图 4-33）。贴胶带时必须要细心，在胶带接头处必须紧靠，不能有缝隙或相互搭接。需要注意的是这样画出来的轮廓线比侧视图上（或模板）轮廓线稍大一些，因此用胶带在模型上贴侧风窗轮廓时，要稍微调小一点。通常情况下，侧风窗边框比车窗玻璃面凸出一定的高度，制作边框时，先沿胶带外侧填敷油泥，要注意油泥与胶带之间不要有缝隙，油泥可以敷在胶带上，因为后续将胶带揭掉后，便会显现出光滑的边缘。然后用“目视”的方法刮去多余的油泥，最后用刮片刮光顺。刮削时注意将 A 柱下部和 C 柱的油泥留得厚一点，以便后续其与车身侧面、发动机罩的连接部位的制作。

图 4-33 侧风窗轮廓

（2）风窗和发动机罩交接处曲面

先用油泥刀在前风窗部位画出风窗边缘线，在前风窗下沿和发动机罩后端贴上两条胶带，确定交接处反 R 曲面的边界。在两条胶带之间敷上油泥，先用齿挠刮顺反 R 曲面表面，接着选择合适弧度的弧形刮刀或蛋形钢片刮制反 R 曲面表面，最后揭掉胶带，反 R 曲面制作完成。

（3）前后窗曲面

由车灯开始，沿着发动机盖的侧沿到 A 柱，到侧风窗上沿，到 C 柱，再到后备箱侧沿，最后到尾灯的这条线，俗称“皇冠线”。此线是车体造型的灵魂，体现了车身主要的性格特征。其加工难度在于这条线通常是一条空间曲线，不能用任何一个平面模板确定，其加工过程要依赖设计师的经验与感觉，为了使两侧能够对称一般先加工一侧，完成后用高度规、分规、直角尺等测量工具把加工好的一侧的关键点的坐标数据采集下来镜像到另外一侧。车体主轮廓线确定

图 4-34 前罩成型

后，意味着决定前后窗形状的 A 柱和 C 柱基本确定，这样前后窗的曲面形体也可以确定下来。（图 4-34）

（4）前窗、车顶、后窗

制作前窗、车顶、后窗时，根据 *OX* 断面线和侧风窗边线，先用胶带在侧风窗边框面上贴出 A 柱，车顶，C 柱基准面与侧风窗边框面的交线。根据 *OX* 断面，往前窗、车顶、后窗位置敷油泥，直到合适为止，用齿挠和平挠刮去多余的油泥，再用钢片沿黑胶带将其刮制光顺。由于这些部位涉及不同造型，因此需要根据不同曲面的曲率选择钢刮片，在刮制前窗、车顶、后窗 *OX* 断面时，一般选择使用硬钢片。而肩部曲面的曲率比 *OX* 断面大，所以选择使用软钢片。刮制时应倾斜并加力，在不同方向上移动钢片，通过这种办法可以对曲面各处进行检验。在刮制中要考虑 *OX* 断面线和周线的关系，注意曲率的走向变化自然、流畅。然后在前窗、车顶、后窗和侧风窗交界处敷油泥，利用齿挠和平挠刮出前窗、车顶、后窗和侧风窗交界处的转折圆弧面（图 4-35），并根据肩线检查整体关系。

这几处面积相当大，曲率变化却较小，因此还有一个难点即使它们平整光滑。

图 4-35 车顶成型

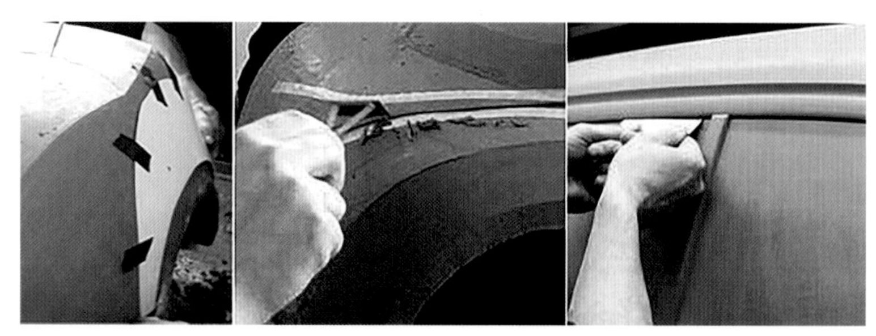

图 4-36 细节成型 1

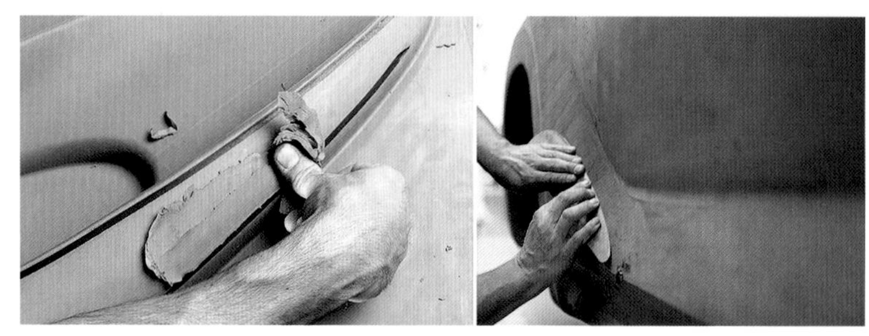

图 4-37 细节成型 2

9. 细节成型

细节制作包括很多方面，比如防擦条、轮罩、进风口、交接面导圆等。基本上是配合胶条用各式刮刀进行刮切，最后用薄刮片修整（图 4-36、图 4-37）。

（1）防擦条

在大多数车上，防擦条的造型基本都是平直的，但由于防擦条是属于附加件安装在车身侧围上，故防擦条的造型会根据车身侧围造型的变化而变化。因此制作前应首先分析防擦条的造型特点。先根据防擦条的轮廓线在其周围贴上 2~3 层宽胶带以保护已刮好的面，在防擦条位置敷油泥。以胶带为导向线，先用齿挠或模板刮平台面，把最上面一层胶带揭下来，防擦条的边界就变得明确了。根据防擦条的弧度，继续使用平挠以及钢片刮制台面表面直到想要的形状。最后把贴在最下面一层的胶带揭起来，防擦条制作完成。

（2）轮罩

轮罩的造型变化多种多样，形状有大有小，起伏有高有低。有些车的轮罩是属于附加件安装上去的，有些车的轮罩与翼子板连为一体，前轮罩基本是 R 曲面的造型，后轮罩基本为反 R 曲面的造型（也有 R 曲面的）。前后轮罩突出部位的轮口边基本都有一个平面，也是轮罩的突出高度，制作时一般是先确定高度，然后再制作 R 曲面或反 R 曲面。

制作轮罩前可以按照轮罩凸起面的边缘线用硬纸裁出模板，用胶带粘在模型要制作轮罩的部位，或用胶带贴出轮罩凸起面的边缘线，在轮口与硬纸模板或胶带之间敷油泥，用钢片刮出轮罩的大体形态，用三角刮刀刮出轮口部位的平面、选择宽度合适的胶带粘在刮好的轮口表面将其保护起来，再用钢片刮制出不同曲率的轮罩曲面，也可以根据其断面形状用薄塑料片制作模板来刮制轮罩曲面。然后对轮口形状进行修正，装上车轮检验外形，如果车轮位置不正，将在很大程度上影响刮削外形。制作轮罩过程中需要注意从各个角度观察并调整轮罩的形态。

（3）制作车灯

车灯造型一般都有一定变化，用胶带粘贴出车灯的轮廓，然后根据车灯的造型变化进行刮制，表面光顺后，再用三角刮刀沿胶带勾出车灯的分缝线。

（4）制作进气口

在保险杠突出前端油泥表面用胶带贴出进气口形状，利用高度尺、钢丝刮刀、油泥刀、三角刮刀、钢片等工具制作进气口凹进去的面。注意在制作进气口凹进去的面时应先从比较小的外轮廓做起，根据效果逐步扩大进气口凹进去面的外轮廓，如果先挖的进气口凹进去面的外轮廓比较大，用油泥去补平比较麻烦。

（5）制作转角

在面与面的转角处用平挠、钢丝刮刀等小工具对模型上的转角进行修整和刀削，然后用带弧度的钢片、外 R 刮板或 PVC 片进行光顺。

10. 贴膜（此步骤可改为喷漆）

油泥表面虽然光滑，但是只有附上金属膜才能完美地表现出汽车的高光和反射等实际效果。所以贴膜成为最后必不可少的一道工序。（图 4-38）

图 4-38 贴膜

图 4-39 贴膜及胶条后的效果

图 4-40 车轮制作

图 4-41 最后效果

11. 贴胶条

贴胶条的目的在于表现车身的结构缝隙，比如车门、进风口、把手等，另一方面可以遮盖贴膜留下的缝隙，达到更好的视觉效果（图 4-39）。

12. 附件制作（轮子、后视镜等）

在企业里全尺寸油泥模型附件根据设计要求，可以选取市场上的现成产品，也可以与生产车型的零件通用，还可以重新设计，使用快速成型设备加工并安装使用。对于院校教学来讲，油泥模型车身附件的设计制作也是学生设计表达的一部分内容。特别是比例车身油泥模型上的其他零部件，如车轮、后视镜、排气管等的设计制作工作也是非常重要的。在比例油泥模型车身附件中车轮的制作是比较重要的工作，它包括轮胎及轮辋两部分。轮胎可以选用铝棒、塑料棒、木材或石膏用车床加工而成，表面喷涂亚光黑漆。轮辋以用 ABS 塑料板制作或者数字加工而成，然后将两者粘结成车轮（图 4-40）。用 ABS 塑料板还可以制作车身上许多零部件，喷上漆后效果很好。根据设计方案的需要也可以选用现成的汽车玩具上的车轮或者选用车轮形态的产品作为油泥模型的车轮。其他如车灯、后视镜。进气格栅、排气管等车身附件的制作，会增加设计方案油泥模型的展示效果（图 4-41）。

○ 4.3.4 技巧总结

1. 油泥选择

好的油泥有优秀的操作性，其色彩一致，质地细腻，随温度变化时伸缩性小，容易填敷，能提供相当好的最终展示效果。作为模型制作的主要材料，可供选择的包括日本 TOOLS 公司 NS60 系列油泥，德国 FABER 公司油泥，国产云艺精雕油泥。其中日本和德国的进口油泥，性能优良，但是价格较为高昂，除了企业用户以外，普通用户难以接受。而国产云艺油泥在制作雕塑人物和小型工艺造型方面有很大的优势，价格也容易被人们接受，但是制作大型工业产品时，难以满足工业模型制作过程中边制作边修改的需求，因其受温度影响，软硬变化速度过快。

所以，专业造型用的“精雕油泥”是学生在制作模型的时候可以选择的。精雕油泥为暗橙色，常温下质地坚硬，可当“砖头”使用。在温度 50℃以上时精雕油泥质地慢慢变软，进行塑形时可按照橡皮泥的操作方法。软化的精雕油泥不沾手，对触感没有任何影响，表面可用手指将造型表面抹平，常温下冷却后表面会变得光滑且把玩不会变形，需要再次塑形的时候，可以用吹风机将造型吹热，造型即可慢慢软化继续塑造。

相反，普通造型爱好者塑形时通常使用“橡皮泥”，由于橡皮泥的特性，是一种粘稠的泥质感觉，有油，使用时间长会刺激手指，影响触感，而且不易保存，容易受到天气变化的影响。只适合普通玩家制作完成后作为摆设，天气热时橡皮泥造型会软化，甚至坍塌变形。如果要对模型进行复制时，橡皮泥造型并不可以用于翻模制作多个同样的模型。

2. 制作模板

在这过程中要注意在粘贴时图纸与多层板黏合的密封性，尽量使表面光顺，接着等图纸差不多风干后，用电动曲线锯按照图板上所画的线条切割出汽车侧面、正面和背面轮廓，最后用锉刀对模板的轮廓仔细打磨，打磨的时候一定要注意力量的控制。

3. 上泥

油泥的软化温度恒温控制在 60℃最为适宜。其变热后随空气或环境的温度低而会逐渐变硬，所以敷油泥时要掌握好时间，用厚的油泥敷的时候，用大拇指和手掌缘去敷，不要用其他手指，注意敷油泥的力道，力道轻油泥会敷不好，力道过大，之前稀薄油泥涂敷的那层会裂开，也不要把气体敷进去。

4. 模型取型

仔细对油泥进行多刮少敷，对模型做个大概取型。对多余的油泥进行刮削的时候，可用直角刮刀来进行刮削，该刮刀主要用于油泥初敷后进行粗刮加工，适用于油泥模型的初期，对整个模型的大面进行整体刮削造型。

5. 模型初刮

此时的油泥模型表面是凹凸不平的，可以用一面有锯齿的双刃油泥刮刀来进行粗刮，用刀刮削的方法是，一只手握刀拉刮，另一只手搭在刀架上以控制轻重和保持平稳。用模板刮制可以利用支架，如果是用手持，要注意把握平稳，刮的方法可以使用交叉刮削，这样既省时省力，又能保证刮削面比较平顺。要注意把握平稳模型大体刮削结束后，可以用平口的双刃油泥刮刀或刮片来刮净粗加工时形成的毛面，刮削时要注意力道舒缓，动作流畅。

6. 贴膜

在贴膜前再次用钢片来精修，要很小心，不要随便碰模型。在模型上喷上一些水，把专用的薄膜贴上，用橡胶刮片刮平。先贴上面，再贴下面，每个面一张膜。

4.4 玻璃钢汽车模型制作案例

○ 4.4.1 制作思路

玻璃钢的成型工艺分为机械化成型和手糊成型两种。

机械化成型的方法有许多，例如挤出成型、缠绕成型、层压成型、模压成型、喷射成型、浇注成型、RTM 成型等，无论采用哪一种成型方法，都要将黏稠可流动的树脂加工成所需的形态，并将其放置在负形模具中成型。

对于工业设计的仿真模型来说，一般情况下选择手糊成型的方式，选择的原因主要在于手糊成型工艺具有以下几方面的优势：

第一，手糊成型，不要求有专业设备，投资少，是所有工艺中成本最低、见效最快的成型方法。

第二，有着容易让人掌握的生产技术，依靠于模具和简单的工具，经过短期培训之后，就能够操作和生产，但操作者认真、细致的程度决定了模型质量。

第三，所要制作的模型一般不受尺寸、形状的限制，特别是一些异型、复杂和体积较大的模型就再合适不过了。

第四，按照产品模型设计要求，能够在不同部位任意增补、增强材料，如复合和夹心金属、木材、泡沫、塑料及其他固体物等，制成整体结构。

○ 4.4.2 使用工具

模型制作的工具包括塑料容器、秤、毛刷、刮板、灰刀、钢锯、板锯、手提式电动曲线锯、台式电动曲线锯、砂轮机、平板砂磨机、角磨机、抛光机、砂纸、搅拌机、远红外辐射取暖器等。

○ 4.4.3 制作步骤

1. 构思草图（图 4-42）
2. 三视图（图 4-43、图 4-44）
3. 泥模制作（图 4-45）
4. 石膏翻模（图 4-46）

图 4-42 构思草图

图4-43 三视图——主视图

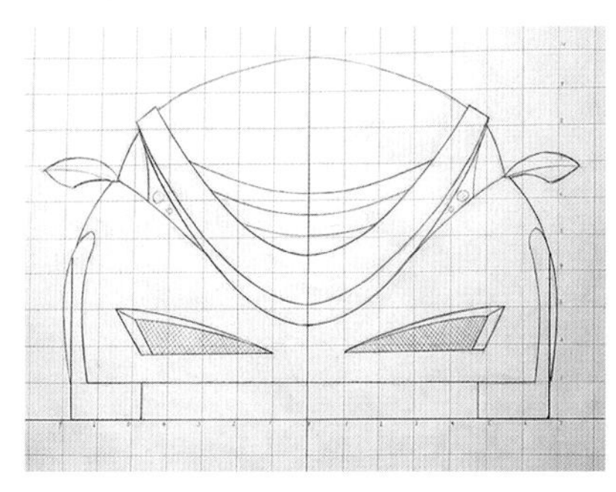

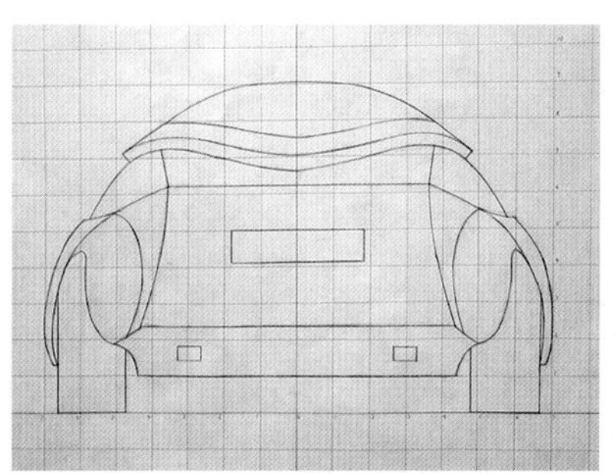

图4-44 三视图——侧视图

图4-45 泥模

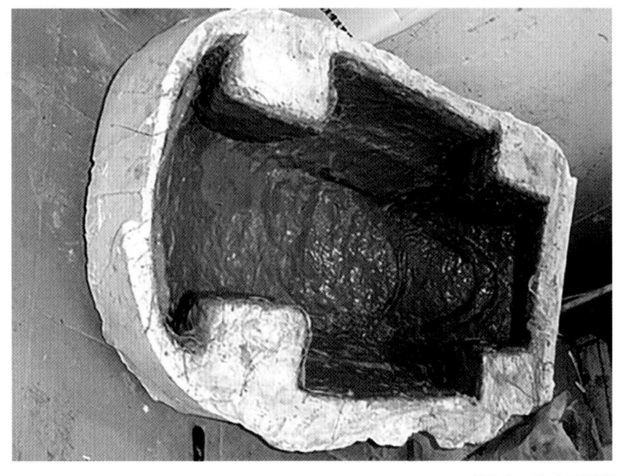

图4-46 石膏模

5. 翻制树脂模型

涂抹树脂时一定要将树脂内加入石膏粉或滑石粉等添加剂（添加剂和树脂的比例大概在 3 ：1），这样可以确保树脂能够更好地附着在阴模上。（注：做好保护措施，戴口罩、手套等）

树脂强度很高，要借助一些电动设备（角磨机、砂光机、手电钻等）进行切割打磨。（图 4-47 至图 4-50）

图 4-47 刷树脂

图 4-48 脱模

图 4-49 玻璃钢模型

图 4-50 玻璃钢模型修边

6. 模型表面处理

在模型表面上腻子，并对其进行打磨。（图 4-51、图 4-52）

打磨后用美纹纸或报纸对其遮挡后进行喷漆。（图 4-53 至图 4-55）

图 4-51 上腻子

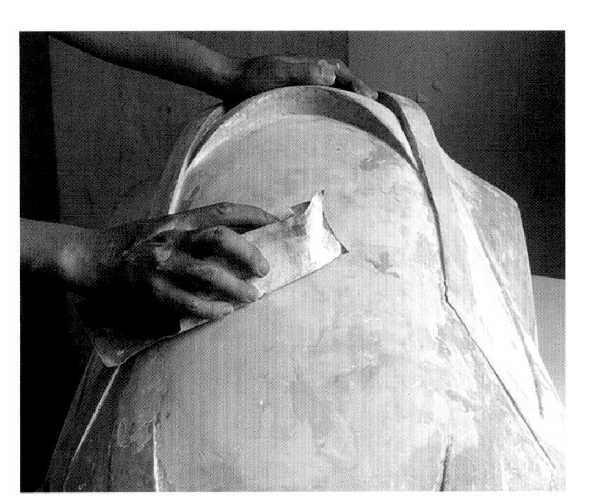

图 4-52 打磨

图 4-53 喷漆

图 4-54 表面整理

图 4-55 玻璃钢模型最后效果

○ 4.4.4 技巧总结

1. 石膏翻制后，需要等到干透，最佳的做法是把它放在太阳底下晾晒 2~3 天，干透后再开始翻制玻璃钢。

2. 首先刷漆片，在石膏模里形成一层膜即可，需刷 7~8 遍，主要目的是让石膏和玻璃钢能够更好地脱膜。与此同时准备好细无纺玻璃布，根据自己的模型大小，布的大小和车的顶视图尺寸的比例应该为 1 ： 10。

3. 漆片刷完之后就是打蜡工序，打蜡时必须仔细，让每处都能上蜡，特别是死角位置，例如尾灯、车窗拐角处等。

4. 刷第一遍树脂是极其重要的，因为它就是模型的外表面，直接影响模型的最终外观效果（调配树脂，在盆里加一定量的树脂和催化剂用刷子调和均匀，它们的比例为 25 ： 1，再用一个小的塑料盆盛出所需要的量，接下来加入固化剂，比例为 25 ： 1）。需要注意的是所用的刷子绝对不能是用于打蜡的刷子。

5. 在刷完第一遍后必须马上清洗刷子，否则刷子就会报废，洗完刷子一定要擦干，因为只要有一点水分就会影响第二遍树脂的成分，便会形成空隙。

6. 刷第二遍树脂时，要在树脂里加入滑石粉，添加的分量可以根据它的黏稠度适当调整。

7. 同时加细无纺玻璃布，一定要一块压着另一块（压边），蘸有树脂的刷子轻按玻璃布，切忌来回刷，以防玻璃布随刷子滑动。玻璃布一定要浸透树脂，特别注意死角位置也一定要贴上玻璃布。

8. 要像上述那样刷 2~3 遍，如果玻璃布过多就会造成玻璃钢过厚，不利于后期加工制作（如钻孔）。刷完 2~3 遍后进入贴胶泥工序，胶泥的功用是贴一些死角位置，以增强强度（例如车窗拐角后期要向内刻，如果不加胶泥则会刻穿）。

9. 胶泥的制作程序是在板子上放一定量滑石粉后再倒入树脂，调和的时候再加入固化剂（比例加入 1%~3% 固化剂）。

10. 填完树脂后，在其尚未完全固化时用美工刀沿石膏磨具边缘，将多余的树脂纤维布整齐地切除。将其放置在通风干燥处，让其自行固化。大约经过 24 小时后就可脱模取出。模型制成后还要进行细加工磨制使之表面光滑而细腻，细微结构和部件还要进行深入加工和雕刻，最后进行表面喷色。

参考文献

REFERENCE

1. 谢大康 . 产品模型制作 [M]. 北京：化学工业出版社，2003.
2. 滕水生，王辉 . 模型制作课程启发式的实践教学改革探索 [J]. 设计，2014（07）：173-174.
3. 刘涛 . 工业产品造型设计 [M]. 北京：冶金工业出版社，2008.
4. 江湘芸 . 产品模型制作 [M]. 北京：北京理工大学出版社，2005.
5. 罗西锋，邱变变 . 产品设计中的石膏模型制作技术研究 [J]. 包装工程，2007（10）：194-196.
6. 赵鹏，陈虹 . 产品设计中的油泥模型制作技术研究 [J]. 机械设计与制造，2012（01）： 240-242.
7. 张锡 . 设计材料与加工工艺 [M]. 北京：化学工业出版社，2004.
8. 朱俊杰，陈炳耀，等 . 粘接物表面处理方法浅谈 [J]. 山东工业技术，2019（12）：133-134.
9. 邳春生，武永亮 . 木制品加工技术 [M]. 北京：化学工业出版社，2006.
10. 黄翔 . 湖北大冶殷祖镇大木匠技艺体系研究 [D]. 武汉理工大学，2012.
11. 尹全胜 . 我国焊接生产现状与焊接技术的发展 [J]. 建筑工程技术与设计，2015（26）：1841.
12. 朱永金 . 电子技术实训指导 [M]. 北京：清华大学出版社，2005.
13. 陈守强 . 机械装备导论 [M]. 西安：西安电子科技大学出版社，2008.
14. 黄艳群 . 基于环保理念的人造板再利用制造技术研究 [D]. 天津大学，2017.
15. 李乡状 . 机械工实用手册 [M]. 哈尔滨：黑龙江教育出版社，2010.
16. 周忠龙 . 工业设计模型制作工艺 [M]. 北京：北京理工大学出版社，1995.
17. 初晓，张学政，等 . 机械钳工现场操作技能 [M]. 北京：国防工业出版社，2007.
18. 周力辉 . 立体设计表达：汽车油泥模型设计制作 [M]. 北京：清华大学出版社，2006.
19. 吴慧兰 . 三维打印技术在工业设计模型制作中的应用研究 [J]. 设计，2012（02）：28-29.
20. 陈君若 . 制造技术工程实训 [M]. 北京：机械工业出版社，2003.
21. 王淑青 . 产品设计中意象造型思维的再认识与设计应用 [D]. 贵州师范大学，2014.
22. 周振鸿 . 奇瑞 A3 乘用车外观改型设计与研究 [D]. 湖南大学，2011.
23. 刘华，金冬 . PU 泡沫塑料汽车造型模型制作方法 [J]. 机械设计，2013（08）：117-119.
24. 王玉林 . 产品造型设计材料与工艺 [M]. 天津大学出版社，1994.
25. 李素枫 . “家具设计与制作”的课程教学改革初探 [J]. 福建轻纺，2016（05）：51-52.
26. 邓背阶，孙德彬，等 . 现代家具生漆透明涂饰工艺 [J]. 林产工业，2005（06）：29-32.
27. 王宏飞 . 产品设计专业油泥模型制作课程教学改革与实践 [J]. 艺术研究，2013（04）：94-95.
28. 梁新民 . 对汽车油泥模型制作技术的探讨 [J]. 中小企业管理与科技，2011（24）：307-308.
29. 韩青亮 . 基于逆向工程的汽车车身造型设计的研究 [D]. 西安理工大学，2013.
30. 高春全，袁东飞 . 现代汽车造型领域油泥模型的应用 [J]. 建筑工程技术与设计，2017（21）：4113.
31. 王鹏 . 油泥模型设计制作在汽车造型设计中的运用及必要性 [D]. 苏州大学，2016.

后记
POSTSCRIPT

在本书的编写过程中，闫华超、李岚潇、高宇、黎颖蕾、毛静怡、廖健敏等同学协助整理了部分图片和资料，在此深表感谢。同时，也感谢上海弘益实业有限公司、上海博米实业有限公司对本书案例中模型制作工具和材料方面的支持。

由于编者编写时间仓促，书中如有不妥之处恳请读者批评指正，为我们的设计教学工作的共同推进和快速发展付出努力。